U0027827

【最強圖解版】

1天6分鐘，燃脂72小時，專攻難瘦脂肪！

間歇訓練

從初級到進階，
收錄99招快瘦操＋16套組合動作，
時間短，效果更持久！

간헐적운동

運動專家 **姜賢珠** 著　陳品芳 譯

INTERMITTENT

Contents

EXERCISE

Contents

Part 6 提高肌耐力的【12個啞鈴運動】

EXERCISE

Contents

Part 9 專攻難瘦脂肪的【40個局部雕塑運動】

EXERCISE

Part 10 如何打造專屬的間歇訓練，
成功瘦更快，更健康？

「過量運動」很傷身！
1天6分鐘的間歇訓練，時間短、效果更持久

去年夏天，我接到SBS電視台的電話，邀請我參加節目驗證「間歇訓練」的效果。當時正值我結束整套「間歇訓練對運動選手表現之影響」的研究計畫，我開始思考這套運動如果用於一般人身上，會有什麼樣的結果。我覺得這是個好機會，於是就在2013年7月14日，於「SBS特輯——美食的叛亂」中正式介紹間歇訓練。

對忙碌的現代人來說，為了維持健康與美麗，「運動」已是不可或缺的存在。不過，一般人總認為運動時間要長，才能達到減肥、改變身材的作用，許多人甚至整天待在健身中心運動。但是，無論對身體再好，「運動過量」仍會產生副作用，造成受傷。**在這個凡事都追求效率的時代，「過量運動」就像一件不合身的衣服，一點都不恰當。**

從這個角度來看，本書所介紹的「間歇訓練」，非常適合時間有限的現代人。用「火車」作比喻，眼前的選擇只有莒光號與普悠瑪號兩種，雖然都會抵達相同的目的地，但花費的時間不同。如果能用較短的時間抵達終點，從時間和金錢上來看，後者較經濟實惠。而「運動一定要超過30分鐘才有效」的想法，就像是一台慢吞吞的火車，不符合效益。

然而，如果只集中鍛鍊特定部位，或只做指定動作，不但沒效率，也容易使肌肉受傷。為了彌補這個缺點，我們需要「在短時間內鍛鍊不同部位」的運動。這個運動必須具備「降低體脂肪」、「提高肌力」等功效，讓身體的引擎得以獲得能量，開始加速。

運動時間短，卻可有效提升肌力、雕塑曲線

　　本書所介紹的「間歇訓練」，可提升心肺耐力，同時鍛鍊上半身、腹部、大腿等各部位的肌肉。只要實行書中的運動計畫，就像是接受私人教練的專門指導，效果顯而易見。舉例來說，如果已經習慣墊上運動，可加入啞鈴和彈力帶的動作，提高功效；如果想消除特定部位的贅肉，希望體型更完美，書中也有多組針對不同部位的間歇訓練可供練習；如果你是晚睡晚起，或沒時間運動的學生、上班族，也可自行選擇最適合的動作。

　　由於「間歇訓練」一天只需花費6分鐘，常會使人忘記或忽略動作及姿勢的正確性。切記，**唯有熟悉姿勢與動作後，才能慢慢增加動作的重複次數。**等到不會氣喘吁吁時，就可適時搭配彈力帶或啞鈴，加強效果，練出最棒的身材。

　　最後，我衷心感謝製作「間歇訓練」節目的工作人員，及協助本書出版而成為書中模特兒的學生們，包括：蘇凡千、全賢植、邊在京、宋致憲、李亨真、鄭治玹、鄭智恩、洪愛立、金勛、金英圭、趙美華、全秀浩，謝謝你們。另外，在我寫書時，一直鼓勵我的朋友們，及跟共同籌備這本書的作家李正賢和編輯李宣美，向你們致上最深的謝意。希望這本書能幫助正在閱讀的你，維持健康與美麗。

順天鄉大學運動醫學系教授 姜賢珠

Part
1

認識全球最夯的
間歇訓練

　　已經跟自己說過多少次「該開始運動了」呢？運動不能只靠嘴巴說說，一天到晚嚷著「我要去運動」，卻常常找理由說服自己「沒時間，還是算了」，這樣是不行的。從現在開始，別再只做嘴上運動，一起來學習有效且省時的「間歇訓練」吧！一天只需6分鐘，還能休息，脂肪燃燒的速度更是其他運動的兩倍！

Intermittent

什麼是「間歇訓練」？

STEP 1

全球最夯的「燃脂運動」，
動更少卻瘦更快，瘦身效果驚人！

　　最近，「間歇訓練」非常熱門。這是因為繼「輕斷食」之後，間歇訓練所帶來的驚人效果所致。「間歇」這個詞讓已經習慣把「能夠持續做某件事情」當成模範的我們來說，感到有些陌生。不過，當你深入了解這套運動後，就會深深著迷且不可自拔。藉由快速動作與短暫休息騙過身體，並達到最佳的運動效果，這就是「間歇訓練」的原理。我想，你一定很好奇又疑惑吧？現在請集中注意力，一起體驗「間歇訓練」的效果吧！

> **❝** 一個動作20秒，再休息10秒，共做12個動作 **❞**
> 一天只要「6分鐘」！

每個動作結束後，都要「休息」

間歇訓練是可以「休息」的高強度運動

近來，「輕斷食」是網路上相當熱門的瘦身法，如果你很熟悉這套方法，代表你已對「減肥」這件事情高度關注。不過，還有一個瘦身方法也很受歡迎，那就是「間歇訓練」。

「間歇訓練」是指運動與運動間有著一定間隔，並反覆持續一段時間的運動方法。以運動方法來說明這個概念時，我們可以理解成是「有間隔的（interval）」運動。不過，到底什麼是「有間隔的運動」呢？方法之一就是大家所熟知的「循環（circuit）運動」。循環運動是1953年由英國里斯大學教授摩根（Morgan, G. E.）和亞當（Adamson, G. T.）所開發的課程，是在固定的時間、固定次數內，重複做10～12個動作，每個動作間都能短暫休息。**因此，間歇訓練是可以「短暫休息」的運動。**

> 66　　　　　打破一般的運動規則，　　　　　99
> 「間歇訓練」是可以「反覆休息」的燃脂運動！

間歇
訓練
POINT

驚！運動中休息10秒，「瘦身」效果更好

無論哪一種運動，像唸書一樣持續做不是很好嗎？為什麼需要休息？

運動中竟然要休息，總覺得效果會很差，事實上卻正好相反。為什麼呢？因為動作與動作間的休息，大約只有10秒，是相當不充分的休息時間。身體會在疲勞尚未完全消失的狀況下，又開始做下一個動作。也就是說，進行間歇訓練後，人體會處於缺氧狀態，此時必須增加氧氣的獲取量。

在人體尚未充分休息後就開始運動，身體將無法恢復到原本的狀態，**氧氣供應量也會和持續運動時的身體一樣，非常不足。**如果充分休息後再開始運動，身體反而會覺得累；但短暫休息後再開始，身體反而容易進入狀況，動作較持久。如果在做完間歇訓練後不進入完全休息狀態，堆積在體內的乳酸也較容易消失。

🏃 只運動6分鐘，效果卻很驚人

時間短，卻能有效鍛鍊肌肉

　　間歇訓練的運動時間短，一個動作20秒，再休息10秒，共做12個動作，實際的運動時間只有6分鐘，比吃一碗飯的時間還少。你可能會懷疑，時間這麼短，真的有效嗎？事實上，間歇訓練的最大優點就是能在短時間內，平均刺激全身肌肉，因此燃脂效果更強，熱量消耗也會加倍。此外，不同於傳統運動，必須長時間持續做相同動作，間歇訓練能避免特定部位的肌肉負荷過重，降低肌肉及筋骨受傷的機率。

運動時間短，省時又快速

只要6分鐘，可持續燃脂72小時！

持續燃脂
72小時！

　　間歇訓練的特點是，在短時間內減少體重和體脂肪。因為可以在最短的時間內，達到最高的運動強度，因此在運動結束後的72小時內，身體會維持高代謝率，不間斷的燃燒脂肪。舉例來說，早上做完間歇訓練後，身體所消耗的熱量，和運動一整天的燃脂結果，不相上下。

　　也就是說，運動結束後的一段時間內，身體的反應會和正在運動時一樣。「間歇訓練」就是利用身體的生理機制作用，達到減重效果的聰明運動法。

效果超越有氧運動，燃脂多3倍

比有氧運動更有效，還能抑制食欲！

　　根據研究，間歇訓練與肌力訓練或有氧運動相比，消耗的熱量不僅較高，甚至可多燃燒3倍的脂肪量。分解脂肪的脂肪酶，在體溫高時會更活躍，進行間歇訓練時，體溫會立刻上升，因此脂肪酶就會在短時間內大量活化，分解更多脂肪。

　　也有研究報告指出，完成間歇訓練後的恢復期間，食欲會被壓抑，防止運動後因飢餓而吃下過多的食物，更能有效控制體重。

設計
專屬的
運動計畫

可自由設計「運動課程」

依體能、目標，規劃適合自己的動作

　　間歇訓練不是一套固定的通用課程，而是能根據個人體型、體力與減重目的等不同，量身訂做的個人化運動。包括運動項目、順序、時間、重複次數等，皆可重新分配，規劃最適合自己的運動課程。

　　本書依難易度、道具使用和局部動作分類介紹。讀者可針對自身需求，規劃最適合自己的健身課程。**建議初學者從初級的低強度動作開始訓練**，千萬不要貪心求快，避免身體受傷。

動作有趣又簡單

 ## 動作簡單，卻能訓練每一塊肌肉

姿勢要正確，才能避免受傷

　　間歇訓練為了達成「運動全身」的效果，必須在短時間內完成許多動作，但每個動作都很簡單，可配合節奏或音樂完成。如果毅力不足或不喜歡獨自運動的人，不妨邀約三五好友一起運動，互相觀察動作是否正確，一起享受快樂的運動時光。

　　「動作正確」對間歇訓練來說非常重要，如果動作錯誤，不僅無法到達預期效果，還可能受傷。維持正確姿勢、專注做好每個動作，才能有效提升心肺耐力和靈活度。待各位掌握各項動作的要領後，將發現其燃燒脂肪、鍛鍊體能的功效，遠遠超過你的想像。

 ## 降低「心血管疾病」的發生率

不只強化體力，更有益身心健康！

　　目前，關於「間歇訓練」的研究很多，其中，大家最關注的就是「對健康的影響」。許多研究已指出，間歇訓練不僅能增強體力，還可降低疾病的發生率，對於改善心臟與心血管疾病來說，有驚人的效果。這項研究結果讓間歇訓練備受重視，成為運動界的新寵兒。想更健康嗎？不妨一起嘗試間歇訓練吧！

全球都在瘋「間歇訓練」

STEP 2

運動時間短、效果好，
早已是日本的國民運動

　　日本的間歇訓練是1996年由鹿兒島縣健身運動國立研究所的田畑泉（Tabata Izumi）教授所開發的訓練課程，亦稱為「TABATA間歇訓練」，是為了提升競速滑冰代表隊的實力而產生的運動。

　　田畑教授的訓練方式，是在4分鐘內不斷重複20秒的全速競走，加上10秒的不完全休息，共30秒的運動循環。**該運動能均衡刺激全身肌肉，大幅增加肌力與肌肉代謝率，在短時間內獲得顯著成效。**事後更證明，對減重有極佳的幫助，故在日本也大為流行。

　　之後，田畑教授將選手分為兩組，試著比較持續運動和間歇訓練的差別。「持續運動組」用70%的氧氣攝取量，進行一次60分鐘的循環運動；「間歇訓練組」則是在4分鐘內不斷重複20秒運動、10秒休息的循環。

實驗結果發現，「持續運動組」的最大攝氧量雖然增加10%，但無氧運動能力卻沒有增加；相反地，「間歇訓練組」不僅最大攝氧量增加14%，無氧運動能力也增加20%。從實驗結果來看，間歇訓練不僅能強化心肺功能，甚至可提升運動能力。

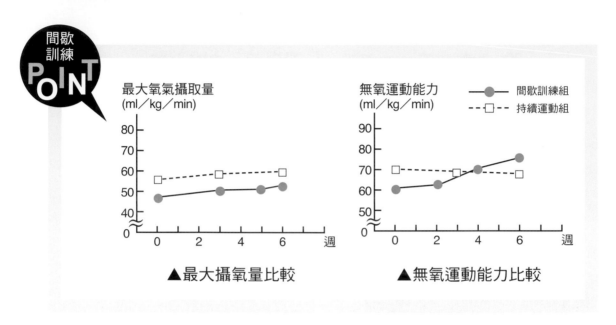

▲最大攝氧量比較　　　　　▲無氧運動能力比較

在韓國，「間歇訓練」也是熱門話題

　　韓國SBS電視台製作的「間歇訓練」特別節目，播出後引起廣大迴響。但還是有不少人存疑，間歇訓練真的有效嗎？該不會只是噱頭吧？因應廣大觀眾要求，我也特別以實驗佐證。

　　本實驗目的，是確認「間歇訓練在空腹與用餐後，對游離脂肪酸代謝、三酸甘油脂和心血管疾病的影響」。游離脂肪酸是指「可進入脂肪細胞的三酸甘油脂，變成脂肪酸的過程」。**三酸甘油脂轉變成脂肪酸後，能當成熱量使用。因此，只要游離脂肪酸的指數改變越大，代表運動效果越佳，是相當重要的指標。**此外，此數值對心血管健康來説，也十分重要，值得深入探究。

實驗證明，「間歇訓練」可減少脂肪

　　實驗對象是沒有特殊疾病、近期無服用任何藥物的6名大學生。實驗從早餐後2小時的運動開始，運動結束後有4小時的休息時間，再讓同一群受試者在前一天晚餐結束後，直到隔天上午都處於空腹狀態；接著要求他們做運動，以交叉設計的研究方式進行，這是為了比較餐後運動和空腹運動的效果有何差異。

　　為了讓實驗的變因降到最低，已統一所有受試者的餐點內容、採集血液和運動的時間。第一次實驗時，受試者在運動前2小時，攝取相同熱量與營養的食物，並在運動前採集每個人的血液，上午10點開始進行第一次運動；第二次實驗則是從前晚7點後就空腹，直到隔日上午10點，再次做事前檢查和運動前的血液採集後，再開始運動。另外也採集運動前、運動剛結束、運動後1小時和運動後3小時的血液。

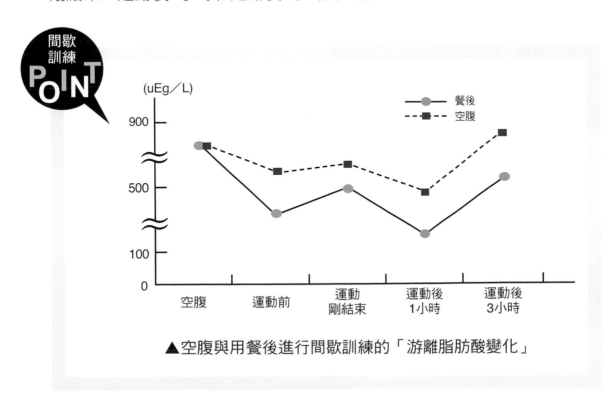

▲空腹與用餐後進行間歇訓練的「游離脂肪酸變化」

間歇訓練＋輕斷食，燃脂效果加倍

❶大量分解「游離脂肪酸」，瘦身更有效

第一個結果是「游離脂肪酸的變化」。運動時脂肪細胞中儲存的三酸甘油脂會分解，以脂肪酸的狀態進入血液，這就是「游離脂肪酸」。游離脂肪酸會移動到肌肉轉化成能量，因此游離脂肪酸的濃度增加，代表脂肪正在燃燒。而觀察實驗結果後發現，游離脂肪酸濃度在運動前會降到先前的一半，在剛運動完時會再次增加，1小時後稍微減少，再過3小時又回到空腹狀態，再度增加。

尤其是運動後3小時，女性的「游離脂肪酸比例」高出男性2倍。這個實驗結果表示，女性的游離脂肪酸上升效果，比男性緩慢。

從進行間歇訓練的結果來看，運動後的游離脂肪酸會大量釋出，直到體力恢復為止，效果會維持一段時間。游離脂肪酸越活躍，提升脂肪代謝率的效果越好，更能幫助脂肪酸化。此結果亦可證明，**「間歇訓練」能有效管理脂肪，在空腹時進行，效果更好。**

❷有效降低三酸甘油脂，預防動脈硬化

第二個結果是「三酸甘油脂的變化」。在餐後的實驗中，運動前和運動剛結束時，三酸甘油脂都會先增加後減少；在空腹及間歇訓練剛結束時，三酸甘油脂的數值也是先增後減。從結果來看，兩次實驗都顯示做完間歇訓練後，三酸甘油脂會持續減少。

三酸甘油脂容易導致動脈硬化，讓血管中的有害膽固醇指數升高，引發心血管疾病。由此結果得知，間歇訓練能有效降低三酸甘油脂的形成，維護心血管的健康。

❸預防心血管疾病，降低發病率

　　第三個結果就是癌症指數下降，甚至連預測「心血管疾病」的指數也有了好的改變。在餐後的實驗中，剛運動完時，指數會稍微上升，不過從結果來看卻比運動前的數值要低；而空腹的實驗中，則可看出該數值不斷下降。CRP（C-反應蛋白，C-reactive protein）是心肌梗塞或心血管手術後，用來評估是否可能再復發的危險物質。這次實驗後發現，**在空腹時進行間歇訓練，導致心血管疾病的危險因子CRP，其數值也會大幅下降。**

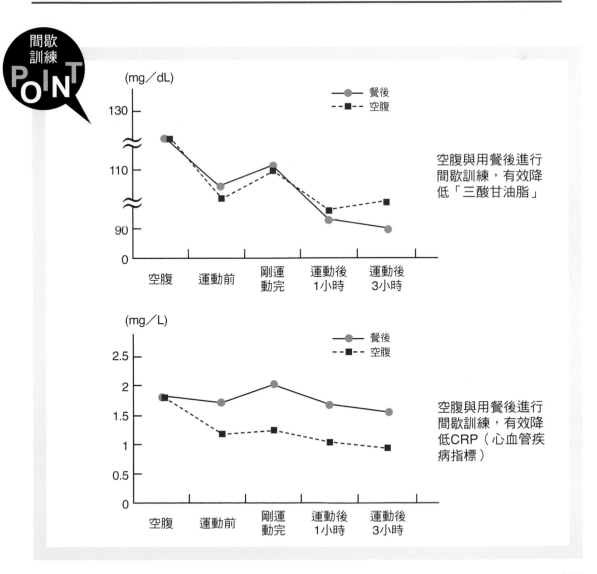

空腹與用餐後進行間歇訓練，有效降低「三酸甘油脂」

空腹與用餐後進行間歇訓練，有效降低CRP（心血管疾病指標）

間歇訓練的驚人效果有哪些？

STEP 3

每天做「間歇訓練」，
有效燃脂、塑身、預防肥胖！

　　「間歇訓練」早已盛行於歐美多時，近幾年才受到亞洲國家的關注。很多年前就已有專家研究，證明間歇訓練能有效提高身體的「燃脂能力」，幫助維持健康的體態及亮麗的外表。除了外在的改變，間歇訓練還能維護心血管健康，並抑制引發肥胖的荷爾蒙產生。

　　可能會有人好奇，跟一般運動相比，間歇訓練為什麼這麼有效？正如前文所說，這是一套在短時間內，藉由重複的循環動作，刺激全身肌肉，達到最大代謝效果的運動。這可不是空穴來風的說法，全球各地都已有許多實驗證明間歇訓練的效果近於「治療」，能改善肥胖、疾病。因此，本篇我將以實驗數據為輔，詳細說明間歇訓練的效果。

效果❶ 改變體態，減少贅肉

專攻難瘦的凸小腹、鮪魚肚

　　只鍛鍊身體特定部位，就想達到局部瘦身的效果，相當困難。尤其最容易囤積脂肪的腹部，只做一般運動，不易有顯著效果。不過，如果運動後，腹部脂肪出現驚人變化呢？**根據2008年澳洲的研究證實，高強度的間歇訓練能有效減少「腹部脂肪」。**

　　這項實驗，是由澳洲紐修威大學（The University of New South Wales）醫學院的崔拉普（Trapp, E. G.）博士研究團隊執行。他們挑選了45位20～29歲，體重正常的女性，並分成三組。這三組分別持續進行間歇訓練15個星期。

有效瘦肚子，腹部變平坦了

　　第一組是一週三次、每次運動20分鐘，運動內容是8秒的全速快走與12秒的低強度腳踏車運動；第二組是一週三次、每次運動40分鐘。跟第一組不同的是，這一組用最大攝氧量60%的強度，進行運動。第三組則是完全不運動的對照組。

　　從結果來看，**進行高強度快走的第一組及第二組，體脂肪平均減少2.5公斤，腹部脂肪則大幅減少0.15公斤。**請參考P26的圖表，能更了解研究結果。

間歇訓練 POINT

體脂肪平均減少2.5公斤，腹部脂肪則大幅減少 0.15 公斤

高強度間歇訓練組

一週三次、
每次運動20分鐘

定期運動組

一週三次、
每次運動40分鐘

不運動組

完全不運動

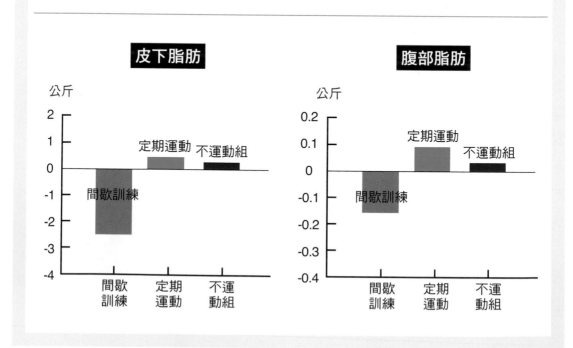

皮下脂肪

公斤

```
 2
 1              定期運動 不運動組
 0 ──────────────────────────
-1    間歇訓練
-2
-3
-4
    間歇   定期   不運
    訓練   運動   動組
```

腹部脂肪

公斤

```
 0.2
 0.1              定期運動
                         不運動組
 0 ──────────────────────────
-0.1    間歇訓練
-0.2
-0.3
-0.4
      間歇   定期   不運
      訓練   運動   動組
```

瘦肚子就靠「間歇訓練」！
還可減少內臟脂肪

有效降低體脂與內臟脂肪！

伊朗的伊斯蘭阿薩德大學（Islamic Azad University）研究團隊，針對間歇訓練是否能有效減少內臟脂肪，做了一項實驗。他們發現，進行高強度間歇訓練一段時間後，體內胰島素敏感度上升，有助於降低血糖，連帶內臟脂肪也跟著減少。內臟脂肪是代謝疾病的主要危險因子，減少對瘦身而言是一大福音。

此外，加拿大戴爾豪斯大學（Dalhousie University）的研究團隊，在1978年以「狗」為對象進行實驗，想了解高強度間歇訓練是否能對「潛在腹部脂肪」帶來影響。實驗結果顯示，高強度間歇訓練能有效減少「腹部脂肪」，效果非常好。

瑞典薩爾格林斯卡醫院（Sahlgren's Hospital）的研究團隊，在1989年也曾做過高強度間歇訓練與脂肪分解的關係實驗。實驗結果顯示，**高強度間歇訓練能「有效分解脂肪」**，對腹部脂肪的影響比皮下脂肪更大。也就是說，「間歇訓練」有良好的瘦腹效果，非常值得一試。

進行高強度間歇訓練後

・胰島素敏感度上升
・血糖降低
・內臟脂肪減少
・體重減少

有效減少體內的多餘脂肪

・脂肪分解加快
・腹部脂肪減少
・皮下脂肪減少

瘦身後，變得有自信、生活品質更好了！

　　2009年，美國德州A&M大學（University of Texas A&M）的研究團隊，發表一份以肥胖女性為對象的運動實驗結果。這項實驗的主要目的，是為了開發安全且有效的減重課程，讓因肥胖而困擾的人，瘦得更健康。

　　研究團隊招募161位運動量不足的30-39歲肥胖女性，讓她們接受相同的飲食調整，並搭配一週三次的間歇訓練。間歇訓練分為肩膀、胸部、手臂、背部、腹部、臀部、腿部、膝蓋等共14種肌力運動，每個部位做30秒並不斷循環；另外，以最大心跳數60～80%的強度，進行折返跑、跳躍、揮臂等全身運動，所有動作都做過一次後，再從第一個動作開始，重新循環一次。

　　受試者同時完成肌力與全身的混合運動，包括熱身運動在內，總運動時間約28分鐘。14週後的實驗結果顯示，這些受試者的腰圍與體脂肪出現明顯改變，甚至開始產生「肌力」。**更令人驚訝的是，與實驗對照組互相比較，抑制食欲的「瘦體素」明顯增加。**

瘦體素增加，變成易瘦體質

- 體脂肪減少
- 肌力增加

- 生活品質提升
- 自信心增加

間歇訓練帶給受試者的影響，除了體態改變，還有生活品質的提升。透過間歇訓練能增加肌力、減少體脂肪、改變體態並恢復自信，證明間歇訓練對改善身心都有顯著影響。經由這個實驗，我們發現運動所帶來的好處，不只有外在的改變，還能帶來心理的安定與幸福，甚至提升生活品質，讓心情更愉悅。

高齡者不能做間歇運動？錯，瘦身效果反而更好

運動有分年齡層嗎？隨著年齡增加，肌力與耐力確實會逐漸下降，再加上健康風險提高，總會擔心是否能從事高強度運動。但經由以下研究證實，這個煩惱多慮了。

巴西聖保羅大學體育學系（Department of Physical Education）的團隊，在2012年以70名年紀稍長的女性為實驗對象，目的是想了解間歇訓練對高齡女性的身體，會帶來何種影響。

實驗團隊招募70名受試者，分為正常體重組、超重組和肥胖組，每組組內再分為運動組和不運動組，進行實驗。運動組的女性在12週內進行一週三次的間歇訓練，運動強度是最大心跳數70%。運動內容是肩膀、手臂、腹部、臀部、大腿、膝蓋、小腿等12種上下肢運動，並輔助使用彈力帶和啞鈴，每個動作45秒，動作間休息40秒。

12週後，運動組的體重、BMI指數（身體質量指數）、體脂率、體脂肪量、肌肉量等，皆出現良好改善。另外，對照這三組間的差異，肥胖組的變化最大，可參考下頁圖表，有更清楚的比較結果。由此可知，**年紀稍長或肥胖者，也適合做「間歇訓練」，效果亦很好。**

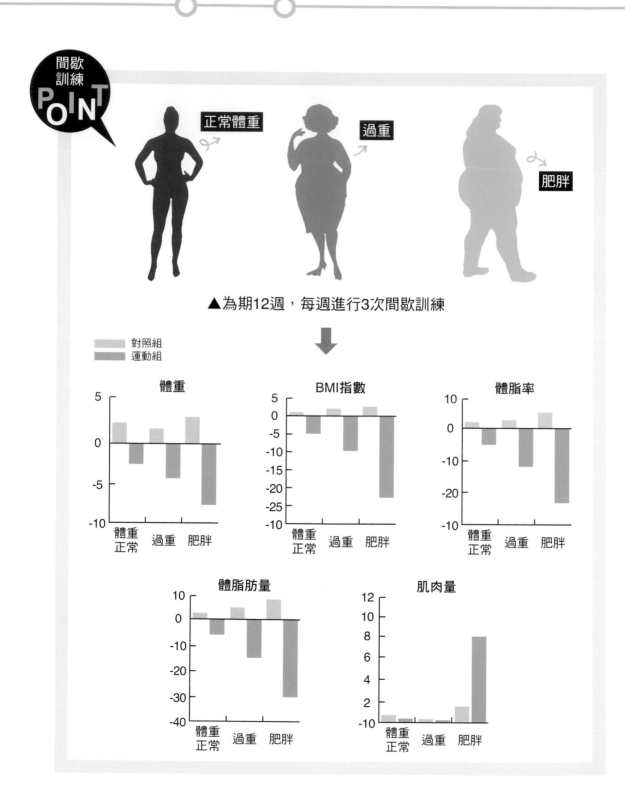

▲為期12週，每週進行3次間歇訓練

效果❷ 改善身體的病痛

強化心臟和血管，預防慢性病

　　我們都知道運動能強健體魄，卻從沒想過只要持續運動，還能預防慢性疾病。當身體出現一些潛在症狀時，我們常想著去看醫生。其實，適當的運動也能改善小病痛。更進一步來說，間歇訓練也有「降低高血壓」等改善心血管疾病的功效。

　　2009年，巴西的馬托格羅索州聯邦大學（Federal University of Mato Grosso）研究團隊，以30～39歲過重、肥胖的女性為對象，研究間歇訓練和慢跑對身體代謝率的影響。他們將受試者分為兩組，實施一週三次，共60分鐘的運動課程。其中一組做間歇訓練，另一組則是慢跑。實驗後，發現兩組的體脂肪率和BMI指數都減少，代謝率則升高。但進行間歇訓練的組別，三酸甘油脂和總膽固醇都明顯減少。由此證實，**間歇訓練能減緩血中脂質的形成，達到預防心臟或血管疾病的功效。**

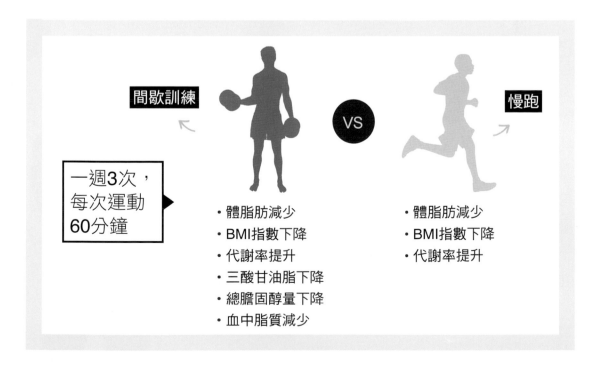

間歇訓練　VS　慢跑

一週3次，
每次運動
60分鐘

- 體脂肪減少
- BMI指數下降
- 代謝率提升
- 三酸甘油脂下降
- 總膽固醇量下降
- 血中脂質減少

- 體脂肪減少
- BMI指數下降
- 代謝率提升

持續做間歇訓練，有效減少體內的壞膽固醇

運動可以減輕體重，恢復體態。但是，因為肥胖而改變的身體機能，卻不如想像中容易恢復。有時候雖然體重已減輕，但壞膽固醇（低密度脂蛋白）、高血脂等問題，卻很難因體重減輕就消失。不過已有許多研究顯示，「間歇訓練」能有效降低這些數值。

2009年，澳洲的西澳大學（University of Western Australia）研究團隊，以「過重者」為對象進行運動實驗。他們將受試者分為兩組，進行一週5天、一次做兩套各15分鐘，總計30分鐘的全身間歇訓練。受試者被分為最大攝氧量70～75%的高強度運動組，及最小攝氧量40～45%的低強度運動組，兩組的運動和休息時間，比例都維持在2：1。

結果顯示，兩組的壞膽固醇都減少了。再深入比較兩組間的差異，發現高強度組的變化更大。這個研究結果證明，<u>間歇訓練能有效降少血中的壞膽固醇，不只是雕塑體態，更能確實改善身體機能。</u>

改善高血壓，效果更勝「有氧運動」

間歇訓練除了對一般健康者的影響外，許多專家也關心其對生病者的影響。2011年，巴西的巴西利亞天主教大學（Catholic University of Brasilia）研究團隊做了一項實驗，以第二型糖尿病患者為對象，進行「間歇訓練和有氧運動後，24小時內對血壓的影響」比較。

受試的糖尿病患者中，第一組是以乳酸閾值90%為標準，進行20分鐘的有氧運動循環。

有效改善心血管疾病

第二組則以乳酸閾值70%為標準，重複做6個動作3次，每個動作間休息40秒的間歇訓練。實驗團隊觀察，血壓在運動開始後24小時內的變化，結果顯示，在控制血壓上，間歇訓練比有氧運動更有效。間歇訓練是結合有氧與肌力運動的訓練，雖然一般多認為肌力運動會使血壓升高，但這個實驗告訴我們，**只要控制在一定的標準內，且運動強度適中，長期做間歇訓練的成果，反而比單純的有氧運動更好。**

最適合「外食族」的運動，有效改善三高

現代人外食比例高，常以高鹽、高糖、高油、多調味的高脂飲食為主，導致三酸甘油脂過高，提高血栓形成的機率，增加動脈硬化的風險。心血管疾病的「預防」比治療更重要，已有許多研究結果顯示，間歇訓練可改善「高脂肪飲食」帶來的危害，因而受到極大的關注。

2011年，巴西聖保羅大學（University Paulista）團隊，以20名體能活動旺盛的20～40歲男性為研究對象，針對「間歇訓練能否改善高脂肪飲食之危害」進行研究。受試者被分為三組：一組持續常態運動、一組實行間歇訓練，最後一組則完全不運動。持續運動組以乳酸閾值85%為標準，在跑步機上跑步，並設定每分鐘心跳數達160下；間歇訓練組則以3分鐘內，乳酸閾值115%的高強度運動為標準，每分鐘心跳數要達到170下，運動中可短暫休息1分30秒。

運動結束後發現，與沒運動的對照組相比（可參考下頁圖表），**其他兩組雖然在運動後攝取高脂肪飲食，但是血中脂質濃度並無異常，特別是間歇訓練組，壞膽固醇明顯減少。**實驗結果顯示，飲食不正常的外食族，只要持續做間歇訓練，也能有效改善體脂，減少體重。

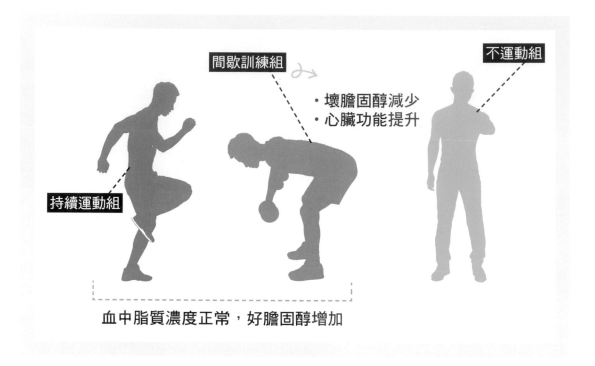

間歇訓練組
・壞膽固醇減少
・心臟功能提升

不運動組

持續運動組

血中脂質濃度正常，好膽固醇增加

Tip 什麼是「乳酸閾值」？

乳酸是碳水化合物代謝作用的副產物，一旦堆積在肌肉和血液中，就會導致「疲勞」。通常低強度的運動，如慢跑，所產生的乳酸會迅速排出體外。但是，只要超過一定的運動強度，乳酸便會大量生成，並快速堆積在肌肉和血液中，難以排出，這段乳酸堆積的時間稱為「乳酸閾值」。

運動選手為了有更好的成績，必須提高自己的乳酸閾值。非洲跑步選手的乳酸閾值率通常是90%，超出其他國家選手。至於如何提升乳酸閾值呢？只要持續進行乳酸閾值的間歇訓練，運動時產生的乳酸就會減少，分解乳酸的能力便會提升。

相似的實驗在2012年也曾做過，澳洲的新南威爾士大學（University of New South Wales）團隊，進行「高強度間歇訓練對心血管和自律神經的影響」研究。以年輕男性為對象，分為運動和不運動兩組。運動組在12週內，進行每週3次、一次20分鐘的間歇訓練。實驗結果顯示，跟不運動組相比，運動組的心臟、身體等機能皆大幅提升。

比起重量訓練，間歇訓練的瘦身效果更好

　　世界上有很多種運動，我們無法根據個人喜好去評判，哪一種運動好，或哪一種運動不好。不過，各項運動的「效益」卻可以透過實驗得到驗證與比較。

　　2013年，西班牙聖安東尼奧天主教大學（Catholic University of San Antonio）研究團隊，以60多歲的高齡者為對象，進行「高強度間歇訓練與重量訓練，何者效益較佳」研究。實驗對象是37位的普通男女，隨機分為三組，分別是高強度間歇訓練組、重量訓練組和不運動的對照組。測試項目為體力、肌肉量、身體組成和心肺能力。

　　測試內容是在12週內，每週做2次舉重。結果顯示，運動組和不運動組相比，體力、體脂肪量和骨質密度皆明顯增加，特別是高強度間歇訓練組，不但體脂肪大量減少，步行的效率也提高。**由此可知，高強度間歇訓練能有效改善體力、體脂肪量、骨質密度及心血管系統。**

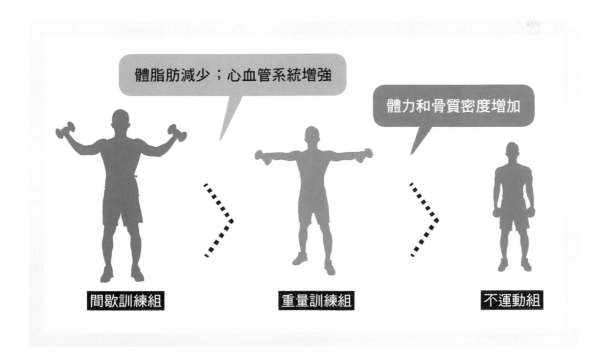

體脂肪減少；心血管系統增強

體力和骨質密度增加

間歇訓練組　　　重量訓練組　　　不運動組

降低血壓、三酸甘油脂，增加好膽固醇

2013年，義大利帕多瓦大學（University of Padova）研究團隊，以58名過重或肥胖的高齡男性為實驗對象，分為高強度間歇訓練組、低強度間歇訓練組和持續運動組。用以觀察受試者的血壓、脂蛋白等，與心血管疾病相關的危險因子變化。

三組皆在12週內，每週做3次運動，一次50分鐘。持續運動組用最大心跳數的50%，連續踩30～40分鐘的腳踏車，並在12週快結束時，做鍛鍊腹肌的捲腹運動20下，一次做4套；低強度間歇訓練組以50%的最大心跳數為準，踩8分鐘腳踏車後，再做一套包括肩膀、胸部、背部、腹部和腿部的重量訓練，每個動作15～20下，動作間休息60秒，完成一個循環後，再做第二個循環；高強度間歇訓練組則以最大心跳數50%為標準，踩3分鐘腳踏車，再以最大心跳數75%為標準，踩1分鐘腳踏車，接著進行重量訓練，針對肩膀、胸部、背部、腹部、腿部等進行高強度重量訓練。每個動作間休息60秒，完成一次循環後再做第二次。

為期12週
每週3次
每次運動50分鐘

低強度間歇訓練組

高強度間歇訓練組

持續運動組

第1名

第2名

第3名

12週的測驗結束後，三組的體重均減輕，特別是「高強度間歇訓練組」，體脂肪、血壓、總膽固醇和壞膽固醇皆減少，而好膽固醇（高密度脂蛋白）明顯增加。**證明高強度間歇訓練有助於降低血壓、脂蛋白、三酸甘油脂等心血管疾病的危險因子。**因此，當個人的體力下滑，或可能罹患心血管疾病時，可透過「間歇訓練」改善健康，效果比一般運動更好。

效果❸ 強化衰弱的體力

有效提升「有氧能力」、「肌力」及「耐力」

常聽到「有氧運動」，卻不知道「有氧能力」是什麼意思嗎？「有氧能力」是指體內攝取氧進行運動的能力，包括呼吸、循環、血液等氧氣運送或耐力等皆有關係。

有氧能力通常是用最大攝氧量（VO2max）作評估。一般培養有氧能力的最佳方法是「慢跑」，不過，間歇訓練具備有氧運動的功效，效益甚至比傳統的有氧運動更好。不僅如此，專家已證實，間歇訓練同時也能強化「無氧能力」。

1996年，日本的田畑泉博士以沒有特殊運動訓練的男性為對象，重複進行「一個動作20秒，休息10秒」的間歇訓練實驗。結果顯示，受試者的無氧能力增加28%。2010年，英國格拉斯哥大學（University of Glasgo）研究團隊，也以未受訓練的普通男性為對象，實施兩週的高強度間歇訓練實驗，結果顯示，受試者的無氧能力提升8%。加拿大的麥克馬斯特大學（McMaster University）研究團隊，也以活動量偏低的肥胖男性為對象，實施兩週的高強度間歇訓練。兩週後，接受無氧動力測驗，結果顯示，受試者的無氧能力增加5.4%。

透過以上研究發現，高強度間歇訓練能使「無氧能力」增加5%～28%。雖然「間歇訓練」可增加最大攝氧量，但究竟能增加多少呢？2009年，澳洲新南威爾斯大學（University of New South Wales）以年輕女性為對象，進行12週的中強度間歇訓練實驗。12週結束後，結果顯示受試者的最大攝氧量提升18%。

「生病者」也可透過間歇訓練，改善病痛

2010年，義大利佩魯賈大學（University of Perugia）研究團隊，以第二型糖尿病與代謝症候群的患者為對象，實施一週兩次的複合式間歇訓練測試。實驗結果顯示，受試者的最大攝氧量大幅增加，不僅肌力變好、血糖降低、腰圍變小，也明顯改善血壓與膽固醇。對有多重疾病的患者而言，透過「間歇訓練」能有效提高身體機能，改善病痛。

患有第二型糖尿病
及代謝症候群患者

實行「有氧運動」及
「阻力循環訓練」後

最大攝氧量增加
肌力增加
血糖下降

效果❹ 運動強度越高，效果越明顯

建議搭配「啞鈴」，提升效果

不過，該如何提高運動強度呢？最簡單的方法就是「提高每分鐘心跳數」。除此之外，也可以調整運動時間、動作重複次數，或使用運動器材輔助，例如啞鈴。

2000年，美國德州大學（University of Texas）研究團隊，以20至29歲的年輕男女為對象，讓他們以不同重量的啞鈴進行間歇循環重量訓練。受試者在一開始的14分鐘，搭配影片進行重量訓練。接著將受試者分為兩組，一組是統一使用平均重量1.4公斤的啞鈴；另一組則是配合個人體力使用不同重量的啞鈴，男性平均是10.5公斤，女性平均是5.9公斤。

結果顯示，使用較重啞鈴的組別，其最大攝氧量、能量消耗皆大幅增加。代表啞鈴越重，效果越好。如果希望快速提升運動效果，只要增加運動中的負荷量即可。

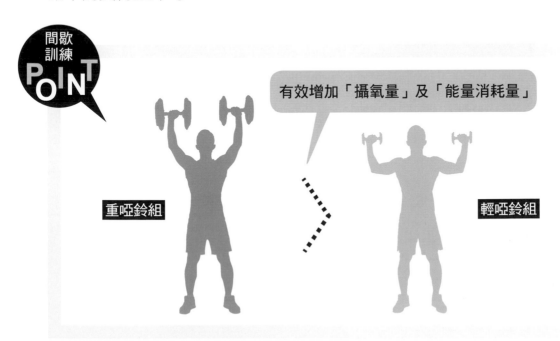

間歇訓練 POINT

有效增加「攝氧量」及「能量消耗量」

重啞鈴組

輕啞鈴組

想快速消耗熱量，必須進行「全身運動」才有效

　　介紹完間歇訓練對一般人、病患和年長者等各種不同族群的效果後，接下來要介紹間歇訓練本身因不同方法與內容，所產生的不同結果研究。

　　2011年，加拿大蒙特婁大學（University of Montreal）研究團隊，以20位處於第三階段物理治療及安定型冠狀動脈疾病患者為對象，進行「高強度與低強度間歇訓練」的比較研究，受試者皆為約60歲的患者。

　　團隊將受試者分為兩組，第一組進行高強度間歇訓練，第二組則進行低強度間歇訓練，兩組皆反覆進行15秒運動和15秒休息。運動結束後，身體測量結果顯示，無論是生理反應、穩定度、自我認知狀態等，高強度運動組的數值皆較另一組出色。這個實驗說明，不論運動強度，間歇訓練對心血管疾病患者有顯著的幫助；同時，這項實驗結果也表示「高強度運動」的效果比中強度運動更好。因此，**在身體負荷能力的範圍內，將運動強度稍微提高些，運動效果會更好。**

　　至於，單一間歇訓練與兩種以上複合式間歇訓練的效果，有什麼不同呢？2008年，巴西聖保羅市立大學（University of San Paulo）研究團隊，為了解上述兩者的差別而進行研究。他們募集25位20～30歲的年輕男女，並將受試者分為單一運動組和複合運動組。單一運動組的受試者必須在60秒內進行循環重量訓練；複合運動組則是進行30秒循環運動及30秒跑跑步機的複合式運動。

　　實驗結果顯示，「複合運動組」成員的攝氧量和能量都消耗較多，男性的攝氧量則比女性更高。透過這項研究可發現，**想大量消耗熱量，除了重量訓練，還必須搭配「全身運動」才有效。**本書所介紹的間歇訓練分為全身、上半身、下半身與肌力訓練，共四種運動，不建議只做其中一種，必須混合進行才能充分發揮功效。

「間歇訓練」是快速、省時的高效燃脂運動

　　透過這麼多研究證實，「提高心跳數」或「增加運動負荷量」的間歇訓練，對改善心臟功能、體力、體重、腹部脂肪、胰島素敏感度、血脂、心血管疾病等，效果皆相當優異。讓原本單純想減重、控制腰圍、改變體態而運動的人，意外獲得更多好處。

　　「間歇訓練」的優點很多，但是，和傳統的持續運動相比，最大的差別是什麼呢？簡單來說，「持續」是指長時間、不間斷進行，容易產生氧化壓力或皮質醇等壓力荷爾蒙，反而不容易長出肌肉；相反的，**「間歇訓練」與傳統運動相比，更能有效提升肌力，雕塑完美體態。此外，亦能節省時間，在減肥和預防疾病上，比傳統運動更有效。**「間歇訓練」不僅能維持健康、減肥，還能縮短運動時間，是最經濟實惠的運動。

間歇訓練為什麼有效？
因為結合「無氧」及「有氧」運動

「間歇訓練」對肌力、肌耐力、全身耐力、爆發力、敏捷度、體力提升與維持健康等，皆有非常良好的效果。為什麼「間歇訓練」這麼有效？因為這是一種兼具無氧運動（肌力）與有氧運動（耐力）的複合式運動。**為了讓運動效果發揮到最大，在20秒內不斷重複相同動作，可看成是「無氧運動」；而不斷重複短暫的休息、再開始運動，則屬於「有氧運動」。**

只要以這種方式運動，因運動所產生並堆積在體內的乳酸，也較容易排出體外，可避免身體疲勞。此外，燃燒脂肪與熱量的速度，也比一般的運動高出許多。

如何分辨「有氧」及「無氧」運動？

在開始運動前，必須正確理解有氧運動與無氧運動的差別。我們常聽到無氧、有氧，但很少人知道如何正確區分。就讓我們一起了解，什麼是無氧運動和有氧運動，及各自的優缺點吧！

什麼是「無氧運動」？

「無氧運動」是不運用氧氣、在2～3分鐘內結束的運動。因為身體不使用「氧氣」作為能源，因此會使用儲存在肌肉中的高能量ATP（Adenosine Triphosphate；三磷酸腺苷），身體為了提供ATP，會啟動ATP-PC與葡萄糖的乳酸系統。透過這個能量系統，**雖然在一段時間內可發揮強大力量；相對的，能量很快就會耗盡，身體容易感覺疲憊。**

「無氧運動」不會使用氧氣

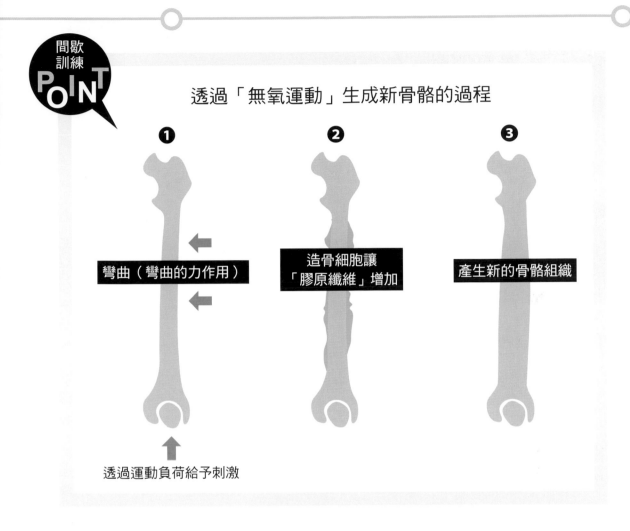

透過「無氧運動」生成新骨骼的過程

間歇訓練 POINT

❶

❷

❸

彎曲（彎曲的力作用）

造骨細胞讓「膠原纖維」增加

產生新的骨骼組織

透過運動負荷給予刺激

身體不以「氧氣」為能源時，可加快代謝及燃脂速度

　　不使用「氧氣」當作能量來源的運動，因為身體持續在氧氣不足的狀態下，使得氧債耐受能力提升，消耗的熱量是一般運動的數倍；提升心臟跳動速度與血壓的交感神經荷爾蒙——兒茶酚胺也會增加。如此一來，代謝反應會變快，加速脂肪燃燒的速度，有效減輕體重。強度越高的運動，效果越顯著。

　　「間歇訓練」的能量使用與無氧運動系統相同，但跟一般無氧運動相比，肌肉內的ATP能量補充時間較短，因此運動時感覺較輕鬆。

⚙️ 「無氧運動」的優點

❶ 增加「肌耐力」

重複高強度運動，可連續收縮肌肉纖維，使纖維外層形成新的肌肉纖維，增加肌肉的厚度與強度，讓肌力、力量、肌耐力增加。

❷ 降低「骨折」的風險

運動時若增加重量負荷，可刺激骨骼，使製造骨骼組織的膠原纖維堆積，提升骨質密度。透過運動變得更加緊密的骨骼，也會具有更強的抵抗力，進而減少骨折的危險。

❸ 「熱量消耗」速度變快

如果肌肉因為運動而增加，其基礎代謝率也會增加，故儲存在體內的「熱量使用率」也會提高。

👟 什麼是「有氧運動」？

與無氧運動相反，「有氧運動」是使用氧氣、持續供給身體氧氣的運動，如跑步、騎腳踏車、游泳等。可提升心臟、肺部、血管的功能，更可透過調整運動時間、休息時間、運動重複次數等條件，訓練心肺耐力。

本書中的「間歇訓練」即為有氧運動，是一套全長6分鐘，以氧氣當作能量來源，使肌肉適當收縮、紓緩的運動。透過該運動能強化心臟肌肉、增加微血管數量及提升血液供給的效率。如此一來，能更有效地傳遞能量，將二氧化碳排出體外。

進行高強度間歇訓練時，身體會處於缺氧狀態，此時我們短暫休息後，再繼續下一個動作。而這個動作，**會讓身體以為肌肉持續在活動，因此「氧氣攝取量」不會因為休息而下降。**事實上，此時肌肉並沒有活動，所以可在不疲勞的狀態下，進行下一個高強度運動。這就是「間歇訓練」最大的優點。

「有氧運動」的優點

❶ 強化「心肺功能」

能強化心臟與肺部，將氧氣從肺部運送到心臟，再充分被肌肉利用，並迅速將二氧化碳透過心臟送回肺部。只要強化這段呼吸循環過程，身體就會更健康。

❷ 促進體內的「新陳代謝」

有效加快體內的必要荷爾蒙或酵素分泌，並促進身體的新陳代謝，提高身體機能的運作，維持健康。

間歇訓練 POINT

平均分配「無氧」和「有氧」運動，避免受傷

雖然交錯進行「無氧」及「有氧」運動時，會帶來良好效果，**但是，只要休息不當、營養不足或恢復時間不夠時，就可能造成肌肉疲勞、受傷等副作用。**進行高度強度的有氧運動時，如果過度勉強自己，可能無法充分發揮肌力與爆發力。因此，平均分配「有氧」和「無氧」的運動量，非常重要。

Part

2

做間歇訓練前，一定要做伸展運動

　　現代人因工作及生活需求，看電視、玩電腦、用手機的時間越來越長，長時間維持同一個姿勢，容易使肌肉疲勞、痠痛，甚至受傷。就讓我們一起透過伸展運動，紓緩僵硬的肌肉，讓身體更柔軟。

Intermittent

什麼是「伸展運動」?

Stretching

　　伸展有「展開、拉長」的意思,也就是重複伸縮全身的肌肉、活動四肢關節,讓肌肉和關節的活動範圍更大。因此,我們通常在「運動前」做伸展運動。

　　運動前先伸展僵硬的肌肉,除了可避免運動時受傷,也能讓肌肉的血流增加,讓營養及氧氣的供給更順暢。因此,在激烈運動後或疲倦時,做「伸展運動」能消除疲勞、恢復體力。此外,伸展運動的最大優點是不需花錢及不受時間、地點限制,是隨時隨地都能做的方便運動。

　　「伸展運動」適用於所有年齡層,不只是年輕人,年紀稍長的人也很適合做。**平時如果能定時做伸展運動,加強身體的平衡感,可有效幫助減少跌倒等意外發生。**此外,常做伸展運動還能增加身體的柔軟度,有助於矯正錯誤姿勢,幫助美容、減重,調整體態。

進行「伸展運動」的注意事項

❶ 放鬆心情，勿緊張。

❷ 動作緩慢，將注意力集中在「伸展的肌肉」。

❸ 一個動作15～30秒，重複2～3次。

❹ 動作時，不要施加過大的力量。

❺ 動作中不要憋氣，自然呼吸即可。

請注意姿勢
是否正確！

間歇
訓練
POINT

開始「伸展」前，一定要知道的事！

· 穿著彈性佳的運動服。

· 遵守運動規則。

· 不求快，慢慢感受每個動作的細節與流暢度。

· 用力伸展無法帶來效果，請慢慢地調整強度。

· 自然呼吸，需要用力時再吐氣。

· 抱持平常心，勿與他人競爭。

1 消除後頸僵硬的
頸部伸展

這是感覺頭部很重或肩頸僵硬時,可以做的伸展運動。動作時,請適當調整力道,不要讓頭部
有被用力拉扯的感覺。將頭往旁邊壓時,肩膀和脖子不需跟著動,維持水平即可。

STEP 1
呈坐姿或站姿,腰部打直,雙手十指交扣放在後腦勺,再慢慢地將頭向前壓。此時請放慢動作,讓後頸周遭的肌肉有被伸展的感覺。

STEP 2
將十指交扣的雙手放在額頭上,慢慢地將頭部向後壓,並感覺前頸的肌肉正在被伸展。

STEP 3
用左手將頭往左側壓,讓左耳慢慢靠近左肩,停留15～30秒,重複2～3次。

STEP 4
換用右手將頭往右側壓,停留15～30秒,重複2～3次。

2 紓緩肩膀不適的
肩部伸展

每天滑手機和玩電腦的你,是否經常感覺肩膀僵硬痠痛呢?這個伸展運動能適時紓解肩部疲勞、矯正姿勢。伸展時,坐姿要端正,舉起的手臂要與地面平行,不可彎曲。

STEP 1
抬頭挺胸,以舒服的姿勢盤腿坐下。

STEP 2
將左手臂放在右手臂內,相交成十字,右手彎起,使力將左手臂往身體拉近,直到肩膀和背的上半部有被伸展的感覺。停留15～30秒,重複2～3次。

STEP 3
將右手臂放在左手臂內,彎起左手,使力將右手臂往身體拉近,停留15～30秒,重複2～3次。

3 消除胸口鬱悶的
胸部伸展

一整天坐在電腦前工作，經常感覺到胸口悶悶的，呼吸不順嗎？這時只要做「胸部伸展」，就會感覺輕鬆許多。動作時，胸部被伸展開來的感覺，要比雙手向後伸直的感覺更強烈。

STEP 1
呈坐姿，十指交扣後，將雙手向後伸直。

STEP 2
雙手維持向後拉的姿勢，直到胸部和肩膀有被伸展的感覺，停留15～30秒，重複2～3次。

4 紓緩僵硬背肌的
背部伸展

背部僵硬容易引起消化不良，疲勞感也不易消除。背部伸展也可以坐在椅子上進行，動作簡單且效果好，只要將手臂向前伸直，讓後背和肩胛骨有被伸展的感覺即可。

STEP 1
呈坐姿或站姿，十指交扣，視線看前方。

STEP 2
將雙臂向前伸直，身體向前彎，停留15～30秒，重複2～3次。

 Point
盡量讓上背和肩膀肌肉有被拉開的感覺。

5 緊實凸小腹的
腹部伸展

如果希望腹部肌肉結實、充滿彈力，請從伸展運動開始訓練吧！如果腹部肌肉不夠強壯，或有椎間盤突出、骨刺等問題，請不要過度彎曲腰部，以免二次傷害。

STEP 1
呈趴姿，將肚子緊貼地面。

STEP 2
用手肘的力量，將上半身撐起。

STEP 3
慢慢地施力於手掌，將背部彎成拱型，胸部離開地面。停留15～30秒，重複2～3次。

Point
雙手位置越靠近骨盆、上半身撐得越高，伸展效果就越好。

6 雕塑下半身曲線的
臀部 & 大腿伸展

不妨邊看電視，邊伸展臀部吧！只要持之以恆，就能改變曲線。請不用擔心會過度鍛鍊下半身，只要讓臀部和大腿內側的肌肉有「被伸展」的感覺即可。

STEP 1
呈坐姿，上半身打直。

STEP 2
雙腳的腳掌相對，雙手握住腳掌。

STEP 3
背部打直，慢慢地將上半身往前彎，並將腳掌往身體的方向拉近，充分伸展臀部與大腿內側肌肉。停留15～30秒，重複2～3次。

7 鍛鍊腿部肌肉的
大腿後側伸展

只要將一隻腳平放、腳趾朝上，再彎腰向前伸展，直到雙手能碰觸到腳掌，就能鍛鍊腿部肌肉。如果無法碰到腳掌，也請不要勉強，只要讓大腿內側肌肉有被伸展的感覺即可。

❶
❷
❸

STEP 1
呈坐姿，肩膀放鬆，左腳向前伸直，腳趾朝上，右腳彎曲向內。

STEP 2
把右腳踝放到伸直的左大腿上。背部打直，慢慢地將上半身向前彎曲，直到雙手可碰到腳趾。停留15～30秒，重複2～3次。

STEP 3
換右腳伸直，左腳彎曲，以相同方式進行伸展，停留15～30秒，重複2～3次。

9 美化膝蓋曲線的
大腿前側伸展

久坐、久站或長時間走路，容易導致大腿肌肉僵硬。比起按摩，伸展能有效紓緩緊張的肌肉，緩解疲勞，使膝蓋的線條更好看。不過，用力拉扯或過度彎曲膝蓋會導致關節受傷，一定要小心。

STEP 1
將右腳往後彎，並用右手握住右腳踝，往臀部拉近。

STEP 2
持續地將右腳往臀部拉近，直到前大腿肌肉有被拉扯的感覺為止，停留15～30秒，重複2～3次。左腳也以相同的方式伸展，停留15～30秒，重複2～3次。

為了保持平衡，可一手扶著牆壁或椅子進行。

8 消除腿部贅肉的
大腿外側伸展

想穿上緊身褲，就必須打造迷人的腿部線條。一起利用伸展運動鍛鍊大腿外側肌肉，消除惱人的贅肉吧！

STEP 1
呈站姿，雙腳交叉站立。

STEP 2
左手向上伸直，讓身體慢慢往右側彎，直到大腿外側肌肉有被拉扯的感覺。停留15～30秒，重複2～3次。

STEP 3
換右手伸直，身體往左側彎，停留15～30秒，重複2～3次。

10 促進小腿血液循環的
小腿肚伸展

穿著高跟鞋、久站或走太久，容易讓小腿肚腫脹不適。此時比起用手按壓，伸展運動更有效。動作時，請勿用力過度，避免受傷。

STEP 1
呈站姿，左腳向前跨一大步，背部打直，抬頭挺胸。

STEP 2
左腳彎曲成90度，右腳向後伸直，再將雙手輕放在左大腿上，呈弓箭步站姿。

STEP 3
上半身向前彎曲，慢慢將右腳掌向地板壓，雙手手掌平貼地面，呈起跑姿。停留15～30秒，重複2～3次。

STEP 4
換右腳向前跨一大步，左腳向後伸直，以相同方式伸展，停留15～30秒，重複2～3次。

11 消除小腿疲勞的 小腿外側伸展

人體中負擔最大的就是「雙腿」，特別是小腿肌肉，不僅支撐身體重量，還必須長時間行走。因此，紓緩小腿肌肉能幫助消除疲勞。不過，記得不要過度施壓，避免腳踝受傷。

STEP 1 左腳向右側跨一步，雙腳交叉站立。

STEP 2 將左腳腳掌朝上。

STEP 3 左膝彎曲，輕輕向下壓，將力量從腳背慢慢轉移到腳底，停留15～30秒，重複2～3次。

STEP 4 換右腳往左側跨一步，雙腳交叉站立，以相同方式伸展，停留15～30秒，重複2～3次。

腳踝容易不適者，可在腳踝底下墊毛巾或手帕輔助。

12 強化關節的 手腕＆腳踝伸展

上班族整天維持「緊盯螢幕、手握滑鼠」的姿勢工作，導致網球肘、板機指、腕隧道症候群等常見疾病產生。因此，我們必須適時伸展僵硬的手腕、腳踝，避免關節受傷。伸展時，腳要打直，膝蓋不要彎曲。

STEP 1
呈坐姿，右腳彎曲放在伸直的左腳下方，左腳踝略抬高，不貼地。

STEP 2
大幅度轉動左腳踝和雙手手腕，轉動15～30秒，重複2～3次。

STEP 3
換將左腳彎曲，放在伸直的右腳下方，以相同方式伸展，轉動15～30秒，重複2～3次。亦可伸直雙腳，同時轉動腳踝及雙手。

Part

3

透過心跳、體能，
找出適合自己的
間歇訓練

　　看完前兩章關於間歇訓練的介紹後，你是不是也開始想動起來呢？現在，要教各位如何找出適合自己的運動方式。每個人的體能狀態不同，運動目的也不盡相同。因此，運動前的「體能檢測」非常重要，不僅是為了獲得最好的運動成效，更重要的是「避免運動傷害」，以免造成反效果。

Intermittent

運動時間短，卻能燃燒大量脂肪

我們都知道「要活就要動」，為了身體健康，必須養成運動的好習慣。但是，現代人生活壓力大，每天被時間追著跑，哪還有時間運動呢？不過，「間歇訓練」不受場地限制，運動時間更只有6分鐘，正好滿足一般人想「用最少時間，達到最大運動量」的訴求。

當我們決定開始「運動」時，必須先確認服裝和使用器材是否符合運動標準。**「間歇訓練」是高強度的運動，「任何細節的改變」都會對心臟、肌肉、血管、韌帶等帶來相當程度的影響。** 另外，正確的運動姿勢也很重要，才能將效果發揮到最大。請大家一定要有耐心與毅力，一旦熟悉各項動作後，就會發現身體不知不覺變得更輕鬆，開始期待更進階的運動，愉快感受身體與心理的變化。

依「體能」增加強度，不可過度勉強

間歇訓練包括訓練心肺耐力、肌力、敏捷度、瞬間爆發力等，是一套每個動作有間隔、循環的複合式運動。只要確實執行，就能在短時間內獲得驚人效果。**但是，絕對不能勉強自己，要先確認體能狀態再進行，亦可諮詢醫生或請專家評估。**

此外，也可以利用P61和P62的「心跳數測量法」公式，計算適合自己的運動強度，測量目標心跳數，找出最符合自我體能狀態的運動強度，再開始運動。

開始「間歇訓練」前的注意事項

　　雖然大多數的人都適合做「間歇訓練」，不過，體力較差或沒有運動習慣的人，剛開始可能會比較吃力。因此，希望各位能先確認自己的身體狀態，從初級的「基礎動作」開始，慢慢適應間歇訓練的強度與動作。

開始前，一定要確認的12件事情

❶ 運動前5～10分鐘，先做伸展運動，伸展全身肌肉。

❷ 先讓全身肌肉適應間歇訓練的強度後，再集中鍛鍊單一部位。

❸ 建議初學者先諮詢專業教練後，再開始進行。

❹ 尚在初學階段者，先不要使用輔助工具運動，請先熟練基礎姿勢和力量的分配。

❺ 確實記錄每項運動的時間、重複次數及目標心跳數。除了幫助了解運動量，亦可確認自我進步的成果。

❻ 開始進行進階動作後，可利用彈力帶、啞鈴等器材，提高負荷量與強度，並增加重複次數。

❼ 每個動作須重複約10或20次，請務必在規定時間內完成，效果最好。

❽ 開始運動一段時間後，可自行檢驗體能狀態；若體能進步，可調整運動和休息時間的比例，增加運動的循環次數或延長運動時間。

❾ 務必根據「身體狀態」調整運動量。

❿ 每次運動的時間，請切記不要超過30分鐘，以免肌肉過度疲勞。

⓫ 如果運動目的是「減重」，搭配飲食控制，效果更佳。另外，間歇訓練的重點是縮短運動時間，並在限時內增加重複次數，提高運動強度。

⓬ 有肌肉骨骼、心血管、代謝疾病者，請先諮詢醫生後再開始運動。

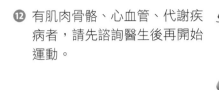

如何找出適合自己的「運動強度」？

　　運動前，要先確認身體狀態，設定適合自己的運動強度，才是健康運動的第一步。可透過「平時心跳數」和「目標心跳數」，來設定個人的運動強度。

身體的許多部位都可以測量心跳數，最常見的測量部位，是手腕內側的橈骨動脈和脖子側面的頸動脈。

測量步驟說明：

❶ 將食指和中指放在橈骨動脈或頸動脈上。（如右圖所示）

❷ 太用力按壓時，可能會因反作用力讓心跳減緩，導致測量結果錯誤。因此，請將手指輕輕按住，能感受到脈搏跳動即可。

❸ 利用手表的秒針，測量15秒或20秒內的心跳數。

❹ 如果是測量15秒，就將測出的數字乘以4；如果是20秒，就將測出數字乘以3，計算出1分鐘的心跳數。

❺ 正常情況下，心跳數應為每分鐘60～80下。

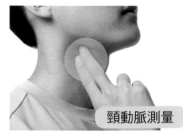

頸動脈測量

橈骨動脈測量

顳動脈

頸動脈

肱動脈

橈骨動脈

股動脈

◀ 可測量心跳數的部位

如何計算「目標心跳數」？

我們可以根據「心跳數測量法」測出的心跳數，來設定目標心跳數。「目標心跳數」則可使用下列的公式計算。

目標心跳數＝運動強度% ×（最大心跳數－平時心跳數）＋ 平時心跳數

最大心跳數因很難直接測量，一般都用公式推算。人的最大心跳數平均是每分鐘220下，隨著年齡增長，數字會慢慢減少。所以，**推算方式可用220減去年齡，就是個人的最大心跳數**。

例如：年齡30歲，就是220－30＝190
因此可推測，30歲的人，其最大心跳數是每分鐘190下。

【各階段運動的強度】

▶**初級動作**：60%，公式為60％ ×（最大心跳數－平時心跳數）＋ 平時心跳數
▶**中級動作**：70%，公式為70％ ×（最大心跳數－平時心跳數）＋ 平時心跳數
▶**高級動作**：80%，公式為80％ ×（最大心跳數－平時心跳數）＋ 平時心跳數

熟悉各階段動作，達成目標心跳數及提升整體運動能力後，就能開始自行調整次數，或使用啞鈴、彈力帶等輔助器材，提升運動效果。

初級（低強度）　　中級（中強度）　　高級（高強度）

各年齡層的「目標心跳數」推算表

年齡	最大心跳數	目標心跳數				
		50 %	60 %	70 %	80 %	90 %
20	200	135	148	161	174	187
25	195	132.5	145	157.5	170	182.5
30	190	130	142	154	166	178
35	185	127.5	139	150.5	162	173.5
40	180	125	136	147	158	169
45	175	122.5	133	143.5	154	164.5
50	170	120	130	140	150	160
55	165	117.5	127	136.5	146	155.5
60	160	115	124	133	142	151
65	155	112.5	121	129.5	138	146.5
70	150	110	118	126	134	142

「增加運動強度」不等於運動效果變好，應該根據自身體能狀態設定。**建議大家可依自身能力的60～80%為「目標心跳數」**（見上方表格），再配合不同運動項目，慢慢增加運動強度。像是減少休息時間，或是增加重複次數等，都是提高運動強度的方法，只要選擇其中一種即可。

利用「運動自覺強度量表」，決定運動強度

不過，每次運動都要檢查心跳，麻煩又費時；但是，慢無目的地運動又可能沒有效果或過度勉強身體，此時，可利用博格運動自覺強度量表，簡易測出運動強度。

這是瑞典心理學家博格（Borg, Gunnar）研發的運動強度理論，以6～20之間的數字區分疲憊等級，將數字乘10，即為「目前的運動心跳數」。舉例來說，**如果運動時的感覺是「有些吃力」，就將13乘以10，計算出的130也就代表運動時，每分鐘心臟的跳動次數。**

博格運動自覺強度量表

運動等級	身體感覺
6	無感覺
7	極度輕鬆
9	非常輕鬆
11	輕鬆
13	有些吃力
15	吃力
17	非常吃力
19	極度吃力
20	筋疲力竭

如何設定最適合的「運動時間」？

　　「間歇訓練」是根據動作、次數、時間等各種條件組成的運動。以健康的身體為標準，一個動作做20秒，休息10秒，共12個動作，運動時間為6分鐘。可視身體狀況，調整運動次數及強度，提高運動效果。

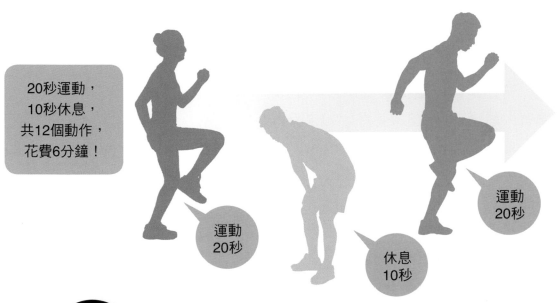

20秒運動，
10秒休息，
共12個動作，
花費6分鐘！

運動
20秒

休息
10秒

運動
20秒

運動前
CHECK

間歇訓練的「動作時間循環表」

- （每個動作20秒×休息10秒）×重複1次＝運動 6 分鐘
- （每個動作20秒×休息10秒）×重複2次＝運動12分鐘
- （每個動作20秒×休息15秒）×重複1次＝運動 7 分鐘
- （每個動作20秒×休息15秒）×重複2次＝運動14分鐘
- （每個動作20秒×休息 5 秒）×重複2次＝運動10分鐘
- （每個動作20秒×休息 5 秒）×重複3次＝運動15分鐘
- （每個動作30秒×休息30秒）×重複1次＝運動12分鐘
- （每個動作30秒×休息20秒）×重複1次＝運動10分鐘
- （每個動作30秒×休息20秒）×重複2次＝運動20分鐘
- （每個動作30秒×休息10秒）×重複3次＝運動24分鐘

如果是進行費時3～5分鐘的間歇訓練，其運動和休息時間的比例必須是1：1，也就是運動10分鐘要休息10秒，依此類推。休息時，可以原地踏步或緩慢移動，也可以徹底靜止休息；如果進行訓練耐力的間歇訓練，那運動和休息的比例就是1：1或2：1，運動時間則是3～5分鐘，重複3～7次即可。

任何運動都不宜過量，「一週3次」最適當

若你是剛開始從事間歇訓練的初學者，建議一週做3次就好。如果有減重、增加體力等特殊目的，也可以每天運動，不過，**高強度的間歇訓練會帶給肌肉不少壓力，請務必確認身體狀態再實行**，切莫貪心求快。健康要慢慢累積，符合正確的運動頻率和時間，才能使運動的效果最大化。

不過度勉強自己

+ TOOL

如何挑選輔助器材？

瑜伽墊（Mat）

瑜伽墊是常見的運動用品，如果在需要時沒有使用，容易使關節、尾骨等部位受傷。特別是執行坐姿、趴姿等動作時，雖然動作簡單，但請一定要鋪上瑜伽墊，才能降低受傷的風險。建議選擇材質柔軟且厚度約3～6公分的瑜伽墊。收納時，應放置在通風處，避免產生臭味或發霉，導致瑜伽墊變質。

啞鈴（Dumbbell）

啞鈴一般用於鍛鍊手臂肌肉，亦可用於全身肌肉。啞鈴有很多不同的重量，必須選擇適合自己的重量，並正確使用。過度勉強自己或姿勢不正確，反而容易受傷，使用時請務必小心謹慎。

> **如何調整啞鈴的強度？**
>
> 最好以自己的體力和體重為標準，來決定啞鈴的重量。體力不佳或體重未滿50公斤的人，建議使用1公斤以下的啞鈴；而體力普通或體重介於50～60公斤的人，則使用1.5～2公斤的啞鈴；如果體力很好或體重在60公斤以上的人，就可選用2～2.5公斤的啞鈴。
>
> 此外，若擁有運動選手等級般的體力，則可使用3公斤以上的啞鈴。除了啞鈴外，也可以使用壺鈴、藥球或健身棒等，增加負荷量。

Tip 水瓶、書本也可代替啞鈴，效果很好

如果家裡沒有啞鈴，也可使用裝滿水或沙子的瓶子、箱子或厚重的書本代替。另外，<u>瓶內的水若沒有裝滿，水可能會因為瓶身傾斜而跟著晃動，導致重量不均，無法達到與啞鈴相同的效果。</u>因此，請務必將瓶子裝滿水後再開始運動。

❶ 不要勉強自己使用「過重」的啞鈴。

❷ 容易流手汗者,請先擦乾手汗或戴上手套再使用。

❸ 使用時,注意手腕不要彎曲。

○

×

×

彈力帶(Band)

彈力帶是利用反彈的阻力,增加每個關節的可動範圍,並有效增強肌力。沒有年齡、性別、地點和時間等特殊使用限制,可隨時隨地調整運動強度,非常方便。**彈力帶的阻力越大,運動強度越好**,因此可利用這項優點,運用在多種運動上。只要搭配彈力帶運動,不僅能維持健康,還可讓身體的柔軟度更好。

如何調整彈力帶的強度?

彈力帶的彈性越好,阻力越高,運動強度也就越好。可依照自己的年齡、性別、體力或肌耐力等,自由選擇。彈力帶有很多不同的品牌,**一般多使用「顏色」來區分彈性阻力大小**,因此,購買時請仔細確認。除了彈力帶外,也可以改用拉力繩,搭配運動手把(Exercise handle)或連接握帶(Assist),使用時會更輕鬆。

如何使用彈力帶？

① 彈力帶是橡膠製品，如果正對著臉拉開，可能會造成危險，使用時請特別小心。

② 不要為了增加「負荷」而過度拉扯彈力帶。

③ 年代久遠或些微損壞的彈力帶，使用時可能會用斷裂導致受傷，使用前請務必仔細檢查。

④ 運動時，請避免配戴可能使彈力帶損壞的尖銳物品或配件。

⑤ 使用時，手腕請不要彎曲（見下圖所示）。

Tip 收納時，可在彈力帶上灑些麵粉或爽身粉，以保持乾燥，延長使用期限。

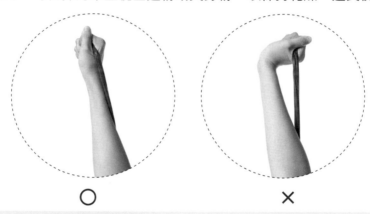

○　　　　　　×

跳繩（Jump rope）

跳繩能有效刺激心臟，是提升心肺功能的最佳有氧運動。此外，跳繩也能夠刺激青少年的生長板，促進身高發育；對成人來說，則可提升骨骼密度和活化造骨細胞，預防骨質疏鬆。不僅如此，跳繩因能在短時間內消耗極大熱量，特別適合想減肥的人。但是，跳太久可能會造成膝關節的負擔，進而導致腰部或膝蓋疼痛，須特別小心。

此外，<u>「打赤腳」跳繩無法降低衝擊力，反而容易讓身體產生過多負擔，因此，建議穿上氣墊運動鞋後再開始運動。</u>

如何配合體力，調整跳繩的難度？

跳繩的準備姿勢與慢跑相似，視線看向前方、身體放輕鬆、稍微向前傾，將跳繩的握把放在骨盆的位置，利用手腕輕輕轉動繩子。

如果是跳繩初學者，建議用雙手抓住繩子，腳踩繩子的中心點，將繩子拉長至腋下的高度，長度較適中；如果已對跳繩非常熟練，想提高運動強度的人，可將繩子長度調整到肚臍的高度。除了調整繩長，也可以挑戰單腳跳、二迴旋跳繩、X字跳繩等技巧，也是提升運動強度的好方法。

細長、輕量的跳繩最適合運動，直徑約為0.4公分的繩子較不會產生空氣阻力，特別適合初學者使用。

球（Ball）

搭配各種大小不同的球運動作，也是提升運動效果的好方法。球類運動的最大的優點是不受場地限制，室內外皆能使用；也可邀約三五好友一起運動，享受樂趣。

球類運動有很多種，每一種的功能都不同，如籃球、足球等可提升心肺能力；平衡球、健身球等可提升肌力。比起其他運動，球類運動更能有效提升運動強度，不僅能增加心肺耐力、肌力，也能增加身體的靈活度和協調性，提升體力。

搭配球運動，輕鬆提升燃脂效果

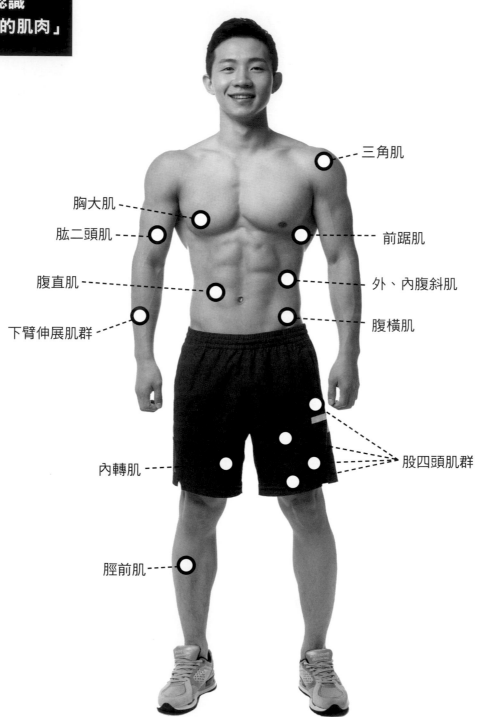

三角肌

胸大肌

肱二頭肌

前踞肌

腹直肌

外、內腹斜肌

下臂伸展肌群

腹橫肌

內轉肌

股四頭肌群

脛前肌

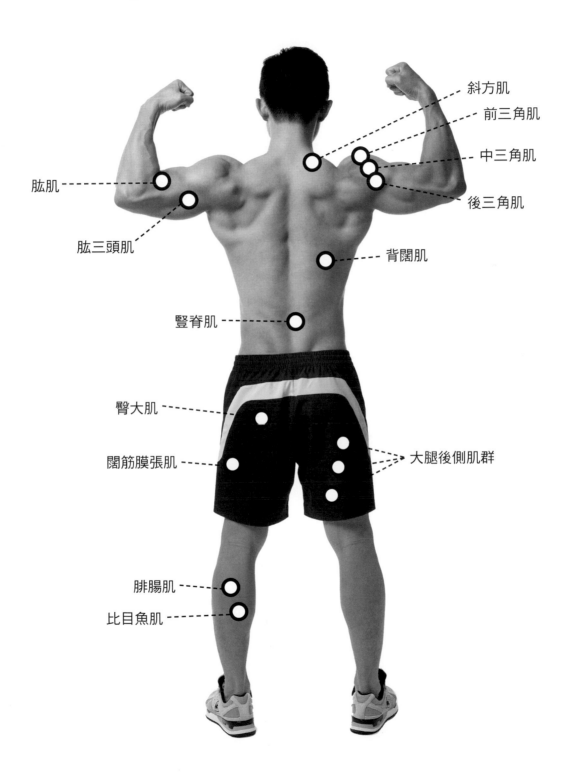

斜方肌

前三角肌

中三角肌

肱肌

後三角肌

肱三頭肌

背闊肌

豎脊肌

臀大肌

大腿後側肌群

闊筋膜張肌

腓腸肌

比目魚肌

Part

4

運動新手也能做的
12個基礎動作

　　誰說運動一定要超過30分鐘才有效？「間歇訓練」就是時間短、強度高的運動，一個動作20秒，還可休息10秒。你可能懷疑，這算運動嗎？但對專業運動選手而言，這可是不容小覷的強度，甚至可說是訓練過程中，最重要的20秒。運動時間雖然只要6分鐘，但結束後，身體會以為還在運動，因此能持續消耗熱量。

　　現在，就從12個基本動作開始，充分運用身體各部位的肌肉，有效燃燒全身脂肪吧！

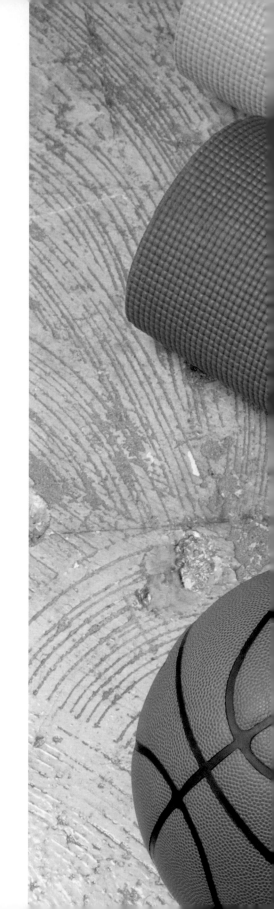

Intermittent

STEP 1

撐地前後跨步

強化大腿內外側肌肉

想像自己在跑步,不但能鍛鍊腿部肌肉,還能快速消除贅肉。
只要持續20秒,即可休息10秒。發揮最大努力,認真奔跑吧!

▶ 運動部位:股四頭肌、大腿後側肌群
▶ 動作難度:中級
▶ 20秒運動次數:一組動作約30～40次

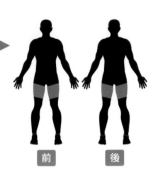

前　　後

1 呈伏地挺身姿勢

趴姿,雙手及雙腳伸直,撐於地面。

2 右腳向前彎曲

右腳向前彎曲至胸部的位置。

3 回到趴姿
雙手及雙腳再次撐
於地面。

4 左腳向前彎曲
換將左腳向前彎曲，
至胸部的位置。

休息
10秒

🚫

NG 屁股不要向上翹，
腳也不能彎曲

須將向前彎的腳跨至胸部的位置；
向後伸的腳則必須完全伸直，才能
有效刺激肌肉，達到運動效果。

2 雙手交叉深蹲

緊實臀部肌肉

這是有效消除下半身脂肪的動作。只要在20秒內，完成目標次數，擁有翹臀與一雙曲線迷人的大腿，將不再是一件難事。

▶ 運動部位：股四頭肌、大腿後側肌群、臀大肌
▶ 動作難度：初級
▶ 20秒運動次數：一組動作約15～18次

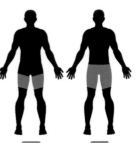

前　後

1 站姿，雙腳與肩同寬

雙腳打開，與肩同寬站立。

2 雙手交叉後蹲下

雙手向兩側展開，再往中間交叉，並同時蹲下。

NG 蹲下時，彎曲的膝蓋 不能超過90度

膝蓋過度彎曲或超過腳尖時，會造
成膝關節負荷過大，請特別注意。

GOOD   NG

休息
10秒

3 呈蹲姿，如同坐在椅子上

盡量將臀部向下蹲，像是坐在椅子上。
膝蓋則不要超過腳尖。

3 單手伏地挺身
鍛鍊手臂&三頭肌

這是伏地挺身的進階版,雖然難度有點高,不過能有效訓練手臂肌肉,鍛鍊線條。大家不妨挑戰看看!

▶ 運動部位:胸大肌、肱二頭肌、肱三頭肌
▶ 動作難度:高級
▶ 20秒運動次數:一組動作約10次

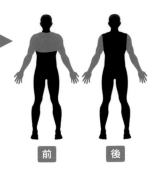

前　後

1 呈伏地挺身姿勢
雙手撐於地面,將身體撐起,擺出伏地挺身的預備姿勢。

2 趴下,上半身盡量貼地
盡可能將雙手彎曲趴下,讓上半身接近地面。

3 抬起身體後，舉右手

將身體撐起後，右手握拳舉
起至腰部，左手撐於地面。

4 回到趴姿

右手放下，重新回到原來
位置，並撐住身體。

🚫

NG 舉起單手時，
身體不要歪斜

舉起單手時，身體要保持平
衡，下半身維持趴姿狀態，
勿歪斜。

休息
10秒

5 起身，換舉起左手

換左手握拳舉起至腰部，
右手則撐於地面。

+ STEP 4 屈膝仰臥起坐

打造馬甲線＆王字腹肌

大家都做過仰臥起坐吧？是否常覺得效果不如預期呢？現在就讓我們在短時間內，做加強版的仰臥起坐，打造平坦結實的腹部吧！

▶ 運動部位：腹直肌
▶ 動作難度：初級
▶ 20秒運動次數：一組動作約20次

前

1 躺姿，雙手置於兩側

平躺在瑜伽墊上，四肢平放。

2 膝蓋彎曲

雙腳抬起，讓膝蓋彎曲呈90度。

3 抬起上半身

雙眼直視指尖，再將雙手伸直並抬起上半身，至手可碰觸到膝蓋的高度後停止。

4 回到躺姿

慢慢躺下，頭部不可碰地，雙手仍向前伸直。

5 重複起身、躺下

20秒內重複抬起、躺下的動作，共20次。

休息
10秒

 NG 上半身請勿抬得太高

注意上半身抬起的高度，不宜過高或過低，讓腹部肌肉被適度拉扯即可。

+ STEP

5 弓箭步跳躍
修飾腿部線條

你有下半身肥胖的困擾嗎？那就絕不能錯過此動作。鍛鍊腿部線條的同時，還能提升心肺功能。雖然難度較高，但效果超乎想像。

▶ 運動部位：股四頭肌、腓腸肌
▶ 動作難度：中級
▶ 20秒運動次數：一組動作約10～12次

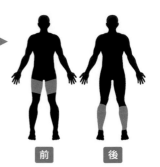

前　後

1 **站姿，雙腳打開**
雙手插腰，左腳往前跨一大步。

2 **身體呈弓箭步**
身體慢慢蹲下，讓左腳膝蓋呈直角彎曲；右腳膝蓋則向後彎曲，與地面平行。

NG 保持身體平衡，上半身不前傾

注意跳起、著地時，身體不要向前傾。
另外，跳得越高，效果越好，所以動作
要盡量做大一點。膝關節有病痛者，
運動前請先諮詢醫生，勿自行判斷。

休息
10秒

3 身體向上跳起

將身體跳起，並在空中交
換前後腳。

4 回到弓箭步再跳起

著地後，換右腳往前跨一步，
做出弓箭步，再重複身體跳
起、在空中交換腳的動作。

+
STEP

6 雙臂向上深蹲
強化肩膀肌肉

　　大家可能會懷疑，蹲下起立也算運動嗎？當然算！若你喜歡游泳和登山，可透過這個動作，感受「肌力」被強化數倍的驚人快感。

▶ 運動部位：股四頭肌
▶ 動作難度：初級
▶ 20秒運動次數：一組動作約20次

前

1 站姿，雙腳打開
雙腳打開至與肩同寬，
呈站姿。

2 雙手向上舉起
雙手伸直，高舉過頭。

NG 蹲坐時，腰部須打直不歪斜

蹲坐時，膝蓋務必呈90度，並打直腰部，
才是正確姿勢。

休息
10秒

3 雙手握拳，身體向下蹲坐

雙手握拳，身體同時向下蹲坐，讓
膝蓋彎曲90度，並讓雙拳停留在耳
朵附近。

4 重複蹲坐、站起

20秒內重複蹲坐、站起的動作，
來回算一次，共做20次。

7 雙臂伸直平舉

快速消除手臂贅肉

這個動作雖然簡單，卻能提升手臂和上半身的肌耐力。只要確實做完動作，並持之以恆的鍛鍊，手臂將不再容易長出贅肉。

▶ **運動部位**：三角肌群、肱二頭肌
▶ **動作難度**：初級
▶ **20秒運動次數**：一組動作約20次

前

休息
10秒

1 站姿，雙腳打開
雙腳打開至與肩同寬，雙手握拳，自然垂放在大腿前方。

2 雙臂平舉至與肩同高
20秒內重複雙臂平舉後放下的動作，共做20次。

NG 雙臂必須打直，不可彎曲

雙臂平舉時，整隻手臂都必須打直，讓手臂肌肉有緊繃感。

進階版
PLUS+

為了提升運動效果和強度，可搭配彈力帶或啞鈴進行

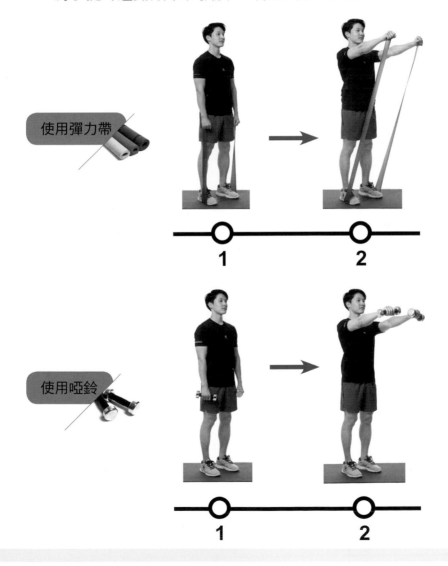

使用彈力帶

1　　2

使用啞鈴

1　　2

8 超人起飛運動
雕塑腹部＆背部線條

模仿超人起飛的姿勢，就能緊實腹部。因此，將動作的施力點放在腹部和背部，便能有效鍛鍊此處肌肉，讓身材更緊實苗條。

▶ 運動部位：豎脊肌、大臀肌
▶ 動作難度：初級
▶ 20秒運動次數：一組動作約15次

後

1 趴下，四肢貼地
呈俯臥趴姿，四肢貼地，臉朝下。

2 雙手向前伸直
將頭半抬起，雙手則向前伸直。

3 抬起雙手及雙腳

上半身、手臂及雙腿皆同時往上抬高,肚子則平貼地面,頭部則持續抬起。

4 放下手臂及雙腿

四肢輕輕放下,但不要碰到地面,再慢慢抬起。重複抬起、放下的動作,共15次。

休息
10秒

🚫 NG 手臂與雙腿不要抬得過高

四肢若抬得太高,會增加腰部的負擔,導致受傷。因此,腰部受傷或有痼疾的人,做此動作時要特別小心。

9 開合跳運動

鍛鍊全身肌力＆耐力

開合跳雖簡單，花費的力氣卻不少。讓我們利用這個充滿彈力、跳個不停的動作，打造無贅肉、窈窕的下半身吧！

▶ 運動部位：股四頭肌、腓腸肌
▶ 動作難度：中級
▶ 20秒運動次數：一組動作約10次

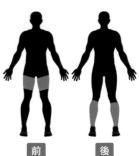

前　　後

1 站姿，雙手垂放於體側

雙腳微開，並抬頭挺胸站好。

2 雙腳張開後往上跳

身體往上跳的同時，雙臂展開至肩膀的高度。

NG 雙臂向上展開時，手臂不可彎曲

跳躍時，腹部用力，雙臂伸直不彎曲。不需刻意換氣，自然呼吸即可。如果有膝蓋或關節等問題，做此動作前請特別留意，或諮詢醫生後再進行。

3 回到預備姿勢
回到抬頭挺胸的預備站姿。

4 再次往上跳，並打開雙臂
往上跳時，雙臂再次張開，並伸高至頭部以上。

5 重複開合跳
回到站姿，重複往上跳躍的動作，雙手則配合向上展開。

休息
10秒

10 交叉弓箭步

鍛鍊腿部肌肉＆美化線條

密集地交替雙腳，能運用大量肌力，持續地繃緊、放鬆雙腿肌肉，就能讓大腿線條更迷人。

▶ 運動部位：股四頭肌、大腿後側肌群、腓腸肌
▶ 動作難度：中級
▶ 20秒運動次數：一組動作約10次

前　　　後

🚫 **NG** 膝蓋不要超過腳尖

姿勢要正確，彎曲的膝蓋不要超過90度。

1 站姿，雙手插腰

雙腳張開至與肩同寬，雙手插腰，立正站好。

2 呈弓箭步站姿

左腳向前跨一大步，呈弓箭步，左膝蓋彎曲約90度。

側面

3 右膝向下壓

右腳自然向後彎曲成L型，
至膝蓋快接近地面為止。

4 回到站姿

利用雙腿的力量，
回到站立姿。

5 再次呈弓箭步

換右腳向前跨一大步，左
膝向下壓，左右腳交替，
重複弓箭步的動作。

休息
10秒

11 雙臂側平舉

美化手臂&肩膀線條

雖然雙手沒有拿任何物品，但因為必須密集抬舉手臂，能充分伸展此處肌肉。經常做這個動作，肩膀與手臂的線條會更漂亮。

▶ 運動部位：三角肌群、肱二頭肌
▶ 動作難度：初級
▶ 20秒運動次數：一組動作約20次

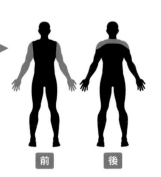

前　　後

 PLUS 雙臂要完全伸直

平舉時，雙臂不能彎曲，必須完全伸直。如果想增強效果，可搭配使用彈力帶或啞鈴進行。

休息
10秒

1 站姿，雙腳與肩同寬

雙腳打開至與肩同寬，雙手自然垂放在大腿前方。

2 雙臂往兩側平舉

雙臂向兩旁打開平舉，在20秒內，重複雙臂平舉、放下的動作，來回算一次，共做20次。

12 平躺抬腿運動

消除鮪魚肚&凸小腹

雖然是單純的抬腳動作，不過，實際上是使用「腹部」的力量在支撐。因此，動作時要將注意力集中在腹部，才能充分燃燒腹部脂肪。

1 平躺，雙手置於兩側

平躺在瑜伽墊上，雙手自然平放在兩側地面上。

2 腹部用力，抬起右腳

運用腹部的力量，將右腳抬高，左腳則平舉離地，頭部可稍抬起，眼睛注視抬高的右腳，手臂貼地不動。

3 換抬起左腳

雙腳維持離地；改將左腳抬高舉直。接著重複交替抬高左、右腳。

前

▶ 運動部位：腹直肌
▶ 動作難度：中級
▶ 20秒運動次數：
　　一組動作約16～20次

休息
10秒

NG 抬起腳時，頭部不宜抬太高

頭抬太高會造成頸椎的負擔，請施力於腹部後，再將腳抬起，避免傷到頸部。

+ STEP

如何活用12個基礎動作，
打造專屬的間歇訓練？

本書介紹的間歇訓練，皆為「一個動作20秒，休息10秒」，再進入下個動作的循環運動。換句話說，是由「12個動作」搭配「12個動作間的休息」所組成。本章介紹的間歇訓練，是最基礎、運動強度介於初級與中級間的動作，非常適合第一次接觸間歇訓練的初學者。只要適應並熟練本章的12個基礎動作後，就可依身體的狀態，朝下一個階段邁進。

根據體能，選擇最適合的間歇訓練組合

基本SET　只要身體健康、體能正常，每個人都能完成！
（每個動作各20秒×10秒休息）× 重複1次＝6分鐘運動
（每個動作各20秒×10秒休息）× 重複2次＝12分鐘運動

配合休息時間，調整運動時間！

+5　多休息5秒
（每個動作各20秒×休息15秒）× 重複1次＝7分鐘運動
（每個動作各20秒×休息15秒）× 重複2次＝14分鐘運動

-5　少休息5秒
（每個動作各20秒×休息5秒）× 重複2次＝10分鐘運動
（每個動作各20秒×休息5秒）× 重複3次＝15分鐘運動

配合運動時間，調整休息時間！

+10　多運動10秒
（每個動作各30秒×休息20秒）× 重複1次＝10分鐘運動
（每個動作各30秒×休息30秒）× 重複1次＝12分鐘運動
（每個動作各30秒×休息20秒）× 重複2次＝20分鐘運動
（每個動作各30秒×休息10秒）× 重複3次＝24分鐘運動

每個動作間，
皆休息10秒

休息10秒

平躺抬腿
運動

撐地前後
跨步

雙手交叉
深蹲

單手伏地
挺身

雙臂
側平舉

屈膝仰臥
起坐

12個基礎動作
運動20秒，休息10秒
共6分鐘

交叉
弓箭步

弓箭步
跳躍

開合跳
運動

雙臂向上
深蹲

超人起飛
運動

雙臂伸直
平舉

12 1 2 3 4 5 6 7 8 9 10 11

66 上述動作是在「不會對身體造成負擔」的情況下， 99
以「如何有效刺激肌肉」為前提所安排，
因此，建議從第一個動作開始，依序進行。

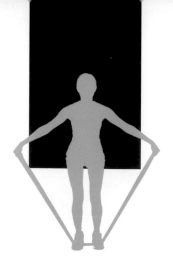

Part
5

延展身體曲線的
12個彈力帶運動

結束第四章的基礎動作後，現在可以挑戰更
高難度的彈力帶運動。搭配使用彈力帶，能有效
刺激肌肉，提升運動效果。此外，彈力帶不受時
間、地點限制，隨時隨地都能使用，也可配合個
人體能調整強度，非常方便。

Intermittent

STEP

1 雙腳交叉跳躍

鍛鍊雙腿肌力＆線條

雖然動作簡單，但效果極佳；建議搭配音樂一起進行，跟著旋律跳躍，享受運動的樂趣。請在20秒內，努力達成運動目標吧！

🚫 **NG** 雙腳請勿分開

起跳時，雙腳要同時跳起，不可分開。

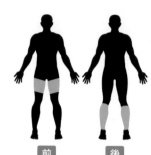

前　　後

▶ 運動部位：股四頭肌、腓腸肌
▶ 動作難度：中級
▶ 20秒運動次數：約跳40次

休息10秒

1 雙腳併攏，在彈力帶兩側跳躍

將彈力帶放在地上，雙腳併攏，在彈力帶的兩側，來回用Z字型跳躍。

2 往彈力帶的後端跳躍

由後往前，跳到彈力帶的最前端時，再重新用Z字型跳躍，回到最末端。

3 再次重複前後跳躍

採Z字型，在彈力帶上前後跳躍。在20秒內重複跳躍40次。

2 手握彈力帶深蹲

雕塑臀線 & 大腿

確實做好「起立、坐下」，就能鍛鍊出完美的下半身曲線。使用彈力帶更能有效拉提臀部及腿部的肌肉，打造俐落有形的迷人線條。

🚫 **NG** 膝蓋不可超過腳尖

雙腳彎曲時，注意膝蓋不要超過腳尖。

▶ 運動部位：
　股四頭肌、大腿後側肌群
▶ 動作難度：初級
▶ 20秒運動次數：
　一組動作約12～14次

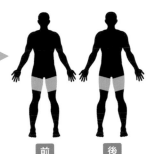

前　　　後

休息
10秒

1 呈站姿，雙腳踩住彈力帶

站姿，雙手緊握彈力帶兩端，雙腳踩彈力帶，並打開至與肩同寬。

2 膝蓋彎曲，向下蹲坐

身體保持垂直不動，膝蓋彎曲呈90度後蹲坐，直到大腿與地面平行，背部請打直。

3 回到站姿，重複蹲下、起立

慢慢恢復原來的站姿，再重複蹲下、起立的動作，共做12～14次。

3 單臂屈體划船

緊實手臂肌肉&線條

透過拉扯彈力帶的力量，可加速鍛鍊手臂、肩膀和背部的肌肉。若想擁有緊實完美的手臂，請在20秒內，努力拉彈力帶吧！

▶ 運動部位：肱二頭肌、肩三角肌、斜方肌
▶ 動作難度：中級
▶ 20秒運動次數：一組動作約8～10次

後

1 站姿，左腳踩住彈力帶

雙手拉住彈力帶，用左腳後跟踩住彈力帶。

2 右腳向後跨步

右腳向後跨一大步，雙手拉緊彈力帶，向上拉至大腿的高度。

NG 臀部不可翹起，上半身要呈一直線

動作時，必須讓上半身打直，腰部完全展開，頭部抬高、
視線往前，並將彈力帶確實拉高至腰部，動作才有效果。

休息
10秒

3 將彈力帶拉高至腰部以上

將右手的彈力帶往上拉高，盡可能
拉至胸部的位置再放下，左手則與
彈力帶貼於左膝。

4 回到預備姿勢

起身，回到預備姿勢。換右腳踩
彈力帶，左腳向後跨一大步，以
相同方式重複彈力帶拉高、放下
的動作。

+ STEP

4 平躺抬雙腳
打造美腰＆馬甲線

將雙腳掛在彈力帶上，利用其阻力抬高、放下，能有效鍛鍊腹部肌肉。不僅如此，更能緊實臀部和腰部肌肉，一舉兩得！

▶ 運動部位：腹直肌
▶ 動作難度：中級
▶ 20秒運動次數：一組動作約10～12次

前

1 躺姿，雙手拉住彈力帶並繞過腳底

將彈力帶繞過雙腳腳底後，再用雙手拉著彈力帶兩端，穿過肩膀下方，固定在頸部的兩側。

2 抬高雙腳

將雙腳微彎後再慢慢抬高，讓腳底朝向天花板。

3 雙腳向前伸直

利用腹部的力量，
讓雙腳向前伸直後
再慢慢放下，但不
能碰到地板。

4 雙腳重複
抬高、放下

在20秒內，重複
雙腳抬高、放下
的動作，總共做
10～12次。

休息
10秒

NG 膝蓋不能彎曲，須打直

雙腳抬高和放下時，必須併攏。此外，放
下時，膝蓋要完全打直且不碰地。（正確
姿勢詳見動作❸圖示）

5 雙手向上蹲跳

強化下半身肌力

雙手和雙腳同時伸直,肌肉會有被拉扯的感覺,進而提升運動效果。此動作可以訓練大腿和臀部的肌肉,打造優美體態與線條。

▶ 運動部位:股四頭肌、大腿後側肌群、臀大肌
▶ 動作難度:中級
▶ 20秒運動次數:一組動作約20次

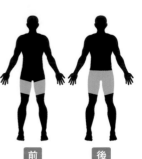

前　後

1 站姿,雙手握住彈力帶

身體呈站姿,將彈力帶折成與肩同寬的長度後,再用雙手抓住彈力帶兩端。

2 以弓箭步跳躍

左腳向前跨一步,以弓箭步姿勢在原地重複前後跳躍,類似交互蹲跳。跳躍時,彈力帶須高舉過頭。此外,左膝蓋要彎曲呈90度,右腳則微彎。

休息
10秒

3 放下手臂

將手臂放下，恢復
預備時的站姿。

4 換右腳在前，
開始前後跳躍

換右腳向前跨一大步，
同樣以弓箭步姿勢，在
原地重複前後跳躍。

🚫

NG 上半身不要前傾或後仰

跳躍時，注意身體的平衡，上半身須與
地面垂直，不要前傾或後仰。

6 單腿屈伸站立

打造黃金美腿

利用彈力帶的阻力，可充分運動平常較少使用的肌群，並鍛鍊大腿肌肉。除了美化線條，雙腿也會變得更有彈性。

▶ 運動部位：大腿後側肌群、臀大肌
▶ 動作難度：初級
▶ 20秒運動次數：一組動作約8～10次

後

休息
10秒

1 站姿，彈力帶繞過右腳左腳則踩住尾端

將彈力帶折出一個圓圈，並套住右腳踝，剩下的彈力帶則用左腳踩住固定。

2 右腳向後抬高，大幅拉開彈力帶

被彈力帶套住的右腳，請向後慢慢抬起，膝蓋打直，直到大腿後側肌肉有被拉緊的感覺。

3 放下右腳，換抬左腳

重複將右腳抬起、放下，放下時，右腳不碰地。接著換將彈力帶套住左腳踝，重複抬起、放下的動作。

7 跪姿伏地挺身

消除蝴蝶袖＆掰掰肉

伏地挺身雖然難度不高，卻能有效刺激上半身的肌肉，讓鎖骨、肩膀和胸部的曲線更好看。讓我們一起堅持，努力地完成吧！

▶ 運動部位：胸大肌、肩三角肌
▶ 動作難度：中級
▶ 20秒運動次數：一組動作約15次

前

1 跪姿，雙手撐地

趴下後將雙腳交叉，用膝蓋頂住地板；再將彈力帶繞過肩膀，用雙手壓住彈力帶兩端，固定於地面。

2 雙臂彎曲，將上半身向下壓

慢慢彎曲手臂，使身體向下壓後，再慢慢將手臂伸直，撐起上半身。動作時，要盡量讓彈力帶有被拉扯的感覺。

3 重複做伏地挺身

在20秒內，重複做伏地挺身15次。

休息10秒

8 趴姿背部伸展

緊實&美化背部線條

時常做背部伸展動作，除了可紓緩肌肉的疲勞痠痛，更能美化線條，塑造光滑、直挺的美背。

> ▶ **運動部位**：豎脊肌、斜方肌、肩三角肌
> ▶ **動作難度**：初級
> ▶ **20秒運動次數**：一組動作約15次

後

1 趴姿，手握彈力帶

趴在瑜伽墊上，將彈力帶對折後，雙手握住彈力帶的兩端，雙腳貼地。

2 抬起上半身，雙手用力拉住彈力帶

利用雙手拉開彈力帶的力量，抬起上半身，再慢慢將頭和手放下，但不能碰到地板。在20秒內重複抬起、放下動作，共做15次。

休息
10秒

9 立定跳高運動

伸展全身肌肉

　　腳踩彈力帶跳躍時，雙腿要完全伸直，才能充分達到增加心肺耐力的功效。如果能笑著跳，説不定還可消除壓力，使精神更飽滿。

▶ 運動部位：全身肌肉
▶ 動作難度：高級
▶ 20秒運動次數：一組動作約15次

前　後

休息
10秒

1 抬頭挺胸，
腳踩彈力帶站立

站姿，雙腳打開至與肩同寬。腳踩彈力帶，雙手拉住彈力帶的兩端。

2 身體向上跳，
同時張開手臂

將雙手往兩側張開，同時向上跳高。

3 身體微蹲，
保持雙腳微彎

身體向下蹲，回到預備姿勢，但請讓雙腳向內併攏、膝蓋微彎。

111

+ STEP

10 站姿髖關節伸展

美化大腿外側線條

類似跳繩的預備姿勢，不過卻是將彈力帶踩在腳下，以其協助伸展髖關節肌肉。只要平均施力於腿部和臀部，就能打造迷人的曲線。

▶ 運動部位：闊筋膜張肌
▶ 動作難度：初級
▶ 20秒運動次數：一組動作約10次

前

1 站姿，雙腳踩住彈力帶

雙腳打開至與肩同寬，並踩住彈力帶，雙手握拳，同時拉住彈力帶的兩端。

2 將彈力帶往上拉

將彈力帶向上拉，並從後背繞過肩膀，再將彈力帶拉到胸前。

NG 身體的重心不要歪斜

左右擺動時，注意身體的重心，上半身須與抬起的那隻腳保持平行。

休息10秒

3 用力將左腳抬起

抬頭挺胸，身體打直，用腹部與大腿外側的力量，將左腳向外抬起。

4 左右腳交替抬起

再換右腳抬起。左右腳交替算一次，在20秒內重複抬腿10次。

+ STEP

11 雙臂向上推舉

強化手臂＆肩膀肌肉

將彈力帶繞過腳底後踩住固定，再以雙手用力向上拉，就能藉由彈力帶的阻力，伸展肩膀和背部的肌肉，達到運動效果。

▶ 運動部位：肩三角肌、斜方肌、肱二頭肌
▶ 動作難度：初級
▶ 20秒運動次數：一組動作約15～18次

前

1 呈站姿，
用雙腳踩住彈力帶

雙腳打開至與肩同寬，並踩住彈力帶，雙手握拳，同時拉住彈力帶的兩端。

2 手肘併攏，
將彈力帶往上拉

將彈力帶向上拉，並繞過手臂外側，再將雙手拉高至胸前。

NG 身體不要前後晃動

拉高彈力帶時，請抬頭挺胸，維持重心
穩定，身體不要前後晃動。

3 吐氣，
雙手高舉過頭

一邊吐氣，一邊將
彈力帶高舉過頭。

4 吸氣，
將手肘併攏放下

一邊吸氣，一邊將雙手
併攏放下，置於胸前。

5 重複雙手高舉、
放下的動作

在20秒內，雙臂重複高
舉、放下，約15～18次。

12 彈力帶趴姿伸展

強化背部肌群

平常較少單獨使用背部肌肉,因此不容易鍛鍊。想擁有令人稱羨的11字背肌,可多做此運動,緊實背部肌肉,讓體態更勻稱。

▶ **運動部位**:背闊肌、豎脊肌
▶ **動作難度**:初級
▶ **20秒運動次數**:一組動作約15次

後

1 趴姿,雙手握住彈力帶

趴在墊上,將彈力帶對折後,雙手握住彈力帶的兩端。

2 雙手拉住彈力帶,並壓在背上

將彈力帶繞過頭頂,放在背上。此時,頭略抬高,下巴不碰地。

3 將上半身抬高

利用彈力帶的拉舉力量，將上半身往上抬高，雙腳則保持貼地。

4 重複抬高及放下身體

在20秒內，重複上半身抬高、放下的動作，共做約15次。

休息
10秒

NG 脖子不宜後仰過度

抬起上半身時，請利用「背部」而非脖子的力量，避免脖子用力過度，造成頸椎受傷。

如何活用**彈力帶**，
打造專屬的間歇訓練？

　　本書介紹的間歇訓練，皆為「一個動作20秒，休息10秒」，再進入下個動作的循環運動。換句話說，是由「12個動作」加上「12個動作間的休息」所組成。搭配彈力帶的間歇訓練，其運動強度比前一章的基礎訓練更強，因此適合已熟悉基礎動作後，想挑戰更高強度的運動好手。

根據體能，選擇最適合的間歇訓練組合

基本SET　只要身體健康、體能正常，每個人都能完成！
（每個動作各20秒×休息10秒）× 重複1次＝6分鐘運動
（每個動作各20秒×休息10秒）× 重複2次＝12分鐘運動

配合休息時間，調整運動時間！

+5　多休息5秒
（每個動作各20秒×休息15秒）× 重複1次＝7分鐘運動
（每個動作各20秒×休息15秒）× 重複2次＝14分鐘運動

-5　少休息5秒
（每個動作各20秒×休息5秒）× 重複2次＝10分鐘運動
（每個動作各20秒×休息5秒）× 重複3次＝15分鐘運動

配合運動時間，調整休息時間！

+10　多運動10秒
（每個動作各30秒×休息20秒）× 重複1次＝10分鐘運動
（每個動作各30秒×休息30秒）× 重複1次＝12分鐘運動
（每個動作各30秒×休息20秒）× 重複2次＝20分鐘運動
（每個動作各30秒×休息10秒）× 重複3次＝24分鐘運動

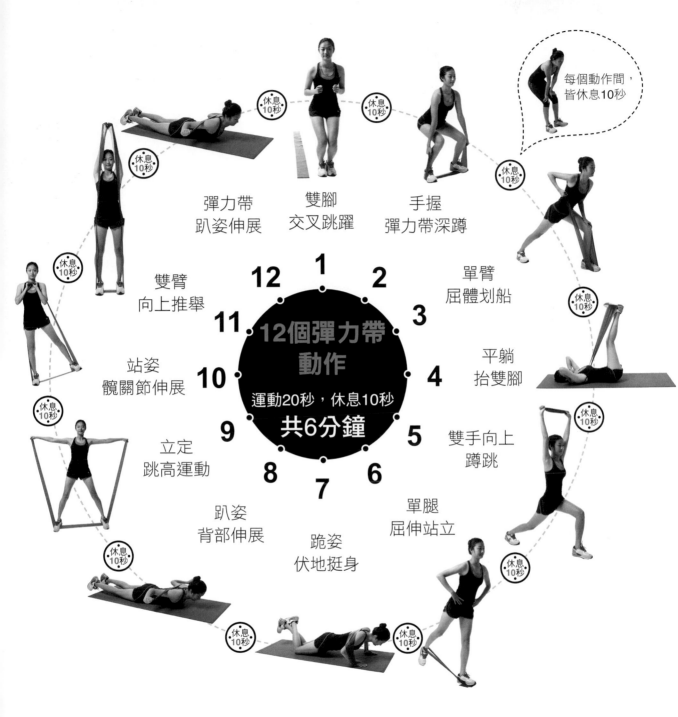

每個動作間，
皆休息10秒

休息10秒

彈力帶
趴姿伸展

雙腳
交叉跳躍

手握
彈力帶深蹲

雙臂
向上推舉

單臂
屈體划船

站姿
髖關節伸展

平躺
抬雙腳

立定
跳高運動

雙手向上
蹲跳

趴姿
背部伸展

單腿
屈伸站立

跪姿
伏地挺身

12個彈力帶
動作

運動20秒，休息10秒
共6分鐘

12　1　2
11　　3
10　　4
9　　5
8　7　6

66 本章動作是在「不會對身體造成負擔」的情況下， 99
以「如何有效刺激肌肉」為前提所安排，
因此，建議從第一個動作開始，依序進行。

119

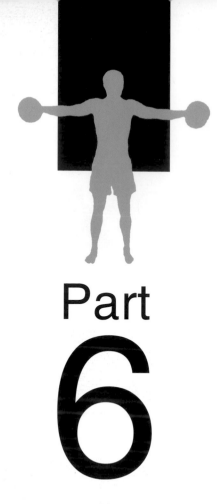

Part
6

提高肌耐力的
12個啞鈴運動

任何運動都必須循序漸進,尤其屬於中高
度的啞鈴運動,必須將體能訓練到一定程度後,
才能開始進行。此外,啞鈴也不是拿起來隨便亂
揮就有效果,「抓握」的方式與「力道」的使
用,皆必須完全正確,才能發揮最大功效。現
在,就讓我們開始學習結合啞鈴的間歇訓練吧!

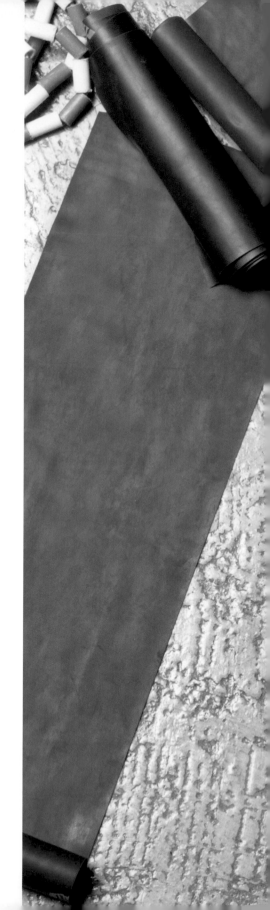

Intermittent

STEP 1

平舉啞鈴跨步
提升全身肌耐力

手舉啞鈴，再配合雙腳菱形步的踩踏，動作雖簡單卻能刺激全身肌肉，運動量十足。配合音樂，一起練出緊實的手臂線條吧！

▶ 運動部位：全身肌肉
▶ 動作難度：中級
▶ 20秒運動次數：一組動作約10次

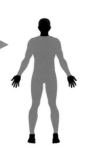

1 站姿，手握啞鈴

站姿，雙腳打開至與肩同寬，雙手抓住啞鈴。

2 雙手舉起啞鈴，右腳往前踏

右腳往右前方踩一步，同時舉起啞鈴。注意，此時手臂須平舉至肩膀的高度。

3 放下啞鈴，
左腳也向前踏

雙手放下啞鈴後，將左腳向
左前方踩一步。

4 再次舉起啞鈴，
並將右腳向後踩

再次將啞鈴舉起，同時右
腳向右後踩一步。

NG 手腕不能高於肩膀

平舉啞鈴的手臂必須打直，手腕
的高度不可超過肩膀。

休息
10秒

5 放下啞鈴，
左腳也向後踩

雙手放下啞鈴後，左腳也向後
踩一步。之後重複啞鈴平舉、
菱形步踩踏的動作。

STEP 2 啞鈴向上推舉

增強臂力＆下半身肌力

雖然是專業級的高難度健身動作，但只要稍微降低速度、維持正確姿勢，同樣能獲得強化肩膀和小腿肌肉的運動效果。

▶ 運動部位：
股四頭肌、大腿後側肌群、三角肌、腓腸肌
▶ 動作難度：高級
▶ 20秒運動次數：一組動作約10次

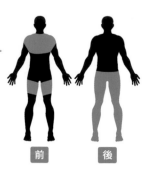

前　　後

1 站姿，雙手舉起啞鈴

站姿，雙腳打開至與肩同寬，雙手抓住啞鈴，並高舉至耳朵的位置。

2 蹲下，將右手置於左腳前

膝蓋彎曲，呈蹲坐姿，將持啞鈴的右手放下，置於左腳前。

休息
10秒

3 起身，雙手高舉啞鈴

起身後，將手持啞鈴的雙手高舉，超過頭部。

4 再次蹲下，換將左手置於右腳前

換將持啞鈴的左手，置於右腳前蹲下。再重複蹲下、左右手交替放下啞鈴的動作。

NG 高舉啞鈴的那隻手，不可任意放下

蹲下時，膝蓋不可彎曲超過90度。動作時，高舉啞鈴的另一手，須維持在一定高度，不可掉落。

+ STEP

3 啞鈴肩上推舉
雕塑三角肌＆肩線

這是美化肩膀與上臂線條的動作，只要正確的抓握啞鈴與持續動作，就能打造零贅肉的美麗線條。

▶ 運動部位：三角肌、肱二頭肌
▶ 動作難度：中級
▶ 20秒運動次數：一組動作約10次

前

1 **站姿，手握啞鈴**
呈站姿，雙手握住啞鈴，雙腳打開至與肩同寬。

2 **雙手舉起啞鈴**
將啞鈴高舉至肩膀的位置。

側面

休息
10秒

3 **雙手向上伸直**
將啞鈴高舉過頭,雙手
伸直,掌心向前。

4 **放下啞鈴**
將啞鈴放下至肩膀的高度,再
重複高舉、放下啞鈴的動作。

NG 手臂不可向兩側打開

動作時,必須抬頭挺胸站立,視線向前。
此外,高舉啞鈴的雙手要夾緊身體,手臂
不要向兩側打開或向後突出。

4 啞鈴抬腿運動
打造彈力腹肌&緊實大腿

利用啞鈴的重量做腿部運動,不僅能鍛鍊腹肌,更能增強腰部肌力,打造緊實的腰腹曲線。只要花費20秒,就能有效緊實腹部。

▶ 運動部位:腹直肌、股四頭肌
▶ 動作難度:中級
▶ 20秒運動次數:一組動作約15次

前

1 坐姿,雙腳夾住啞鈴
呈坐姿,膝蓋彎曲45度,用腳踝夾住啞鈴。

2 用雙手力量支撐上半身
雙手向後放在臀部兩側,以支撐上半身的重心。

NG 上半身不可過度向後傾斜

動作時，保持腰部懸空、雙腳抬高的姿勢，
身體不可過度後仰。

休息 10秒

3 **夾緊啞鈴，再抬高雙腳**
將夾住啞鈴的雙腳抬高，盡可
能地將膝蓋拉近胸部。

4 **放下雙腳，但不碰地**
將雙腳放下，但不能碰到地
板。接著，重複雙腳抬高、
放下的動作。

+ STEP

5 啞鈴側併步

提升心肺功能

此動作雖有些費力，卻能大幅提升心肺耐力。藉由轉換身體重心，能確實地運動全身肌肉。建議邀約朋友一起進行，會更有趣。

▶ 運動部位：股四頭肌、大腿後側肌群
▶ 動作難度：高級
▶ 20秒運動次數：一組動作約10次

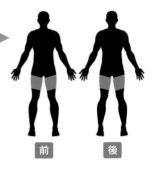

前　　後

1 站姿，雙手握住啞鈴
呈站姿，抬頭挺胸，雙手抓住啞鈴。

2 上半身向下彎
上半身向下彎90度，同時將持啞鈴的雙手伸直垂放。

3 左腳向外伸直

藉由啞鈴的力量,將身體重心移至右側,讓左腳向外伸直,右膝蓋則微彎。

4 身體回到正中央

將身體重心回到中間,上半身仍保持彎曲。

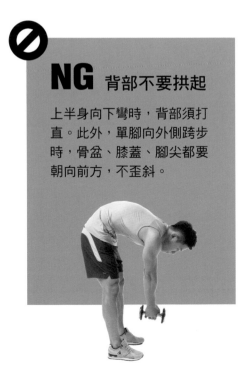

休息
10秒

5 換右腳向外伸直

將身體重心移至左側,讓右腳向外伸直。接著重複左、右腳向外的重心轉移動作。

🚫 NG 背部不要拱起

上半身向下彎時,背部須打直。此外,單腳向外側跨步時,骨盆、膝蓋、腳尖都要朝向前方,不歪斜。

6 啞鈴蹲舉運動
緊實大腿線條＆背部肌群

此動作必須長時間保持平衡，因此能讓身體的平衡感變好，達到緊實線條、均勻刺激肌肉的目的。

▶ 運動部位：股四頭肌、三角肌、大腿後側肌群
▶ 動作難度：高級
▶ 20秒運動次數：一組動作約8～10次

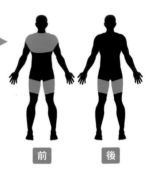

前　後

1 站姿，手握啞鈴

呈站姿，抬頭挺胸，
雙手抓住啞鈴。

2 蹲下，雙手向前伸直

慢慢蹲坐，並保持膝蓋彎曲90度，
再將雙手向前伸直，平舉啞鈴。

休息
10秒

3 抬起右腳，左手向前伸直

右腳向後伸直抬起，背部打直，同時將持啞鈴的左手向前伸直。

4 換抬起左腳，右手向前伸直

換左腳向後伸直抬起，並將持啞鈴的右手向前伸。之後重複左右手交替伸直的動作。

🚫 **NG** 膝蓋勿超過腳尖

向下蹲坐時，膝蓋不能超過腳尖。另外，單手平舉向前時，要保持身體重心平衡，不能傾斜。

7 前彎側平舉

雕塑背部線條&緊實肩膀肌肉

這是能強化身體線條，並使肩膀更結實的運動。不僅能鍛鍊肩膀和背部的肌肉，更能刺激小腿和大腿，達到良好的運動效果。

▶ 運動部位：肱三頭肌、背闊肌、豎脊肌
▶ 動作難度：初級
▶ 20秒運動次數：一組動作約15次

後

1 站姿，手握啞鈴
呈站姿，抬頭挺胸，雙手抓住啞鈴。

2 身體向下彎
上半身向下彎曲90度，膝蓋微彎，臀部稍微翹起。

休息
10秒

3 將啞鈴往兩側舉起

雙手抓住啞鈴並向兩側
舉起，腰背打直，盡量
將上手臂完全伸直。

4 放下啞鈴

將啞鈴放下，回到動作❷
的預備姿勢。之後重複雙
臂側平舉、放下的動作。

🚫 **NG** 平舉時，手臂不要貼著身體

將手臂抬起時，請盡量保持90度彎曲，
上手臂打直。另外，背部也不能拱起。

+ STEP

8 屈膝左右扭轉
強化腰線＆消除贅肉

這個動作雖然簡單，卻能有效刺激腰部，消除贅肉。動作時，要盡可能地大幅度扭轉上半身，效果會更好。

> ▶ 運動部位：外＆內腹斜肌、腹直肌、腹橫肌
> ▶ 動作難度：中級
> ▶ 20秒運動次數：一組動作約12次

前

1 坐姿，雙手握住啞鈴
坐在瑜伽墊上，膝蓋彎曲，雙手抓住啞鈴。

2 雙手向前平舉
舉起持啞鈴的雙手，約至肩膀的高度。

NG 扭轉時，臀部不可離地

注意身體的重心，扭轉時，臀部仍要緊貼地面，不可抬高。

3 上半身向左扭轉

雙手維持平舉高度，上半身大幅度向左邊扭轉，下半身貼地不動。

4 上半身向右扭轉

身體轉正後，再將上半身向右扭轉。接著重複上半身左、右扭轉的動作。

9 雙手向上抬腿

鍛鍊全身肌群

這個動作或許看起來像跳舞一樣輕鬆，但運動效果卻非常好，能鍛鍊全身肌肉，提升肌耐力，請各位一定要試看看。

▶ 運動部位：全身肌肉
▶ 動作難度：中級
▶ 20秒運動次數：一組動作約12次

1 蹲姿，雙手握住啞鈴

膝蓋微彎，呈蹲姿，
雙手握住一個啞鈴。

2 高舉啞鈴，並抬起右腳

起身，將啞鈴高舉過頭，
同時將右腳向側邊抬起。

3 回到蹲姿
雙手放下,重新回到
動作❶的預備姿勢。

4 換左腳抬起
再次起身,將雙手高舉,並將左
腳向側邊抬起。之後重複高舉啞
鈴,並交替抬起雙腳的動作。

🚫

NG 重心不可歪斜
高舉啞鈴時,雙手須打直不彎曲,
且重心不可偏移。

休息
10秒

+ STEP 10 弓箭步側旋轉

消除大腿贅肉＆增加彈力

如果希望擁有緊實且無贅肉的雙腿，請一定要常做這個動作。只要轉動身體，就能同時運動手臂及腿部肌肉，快速燃燒脂肪。

▶ 運動部位：股四頭肌、大腿後側肌群、腓腸肌
▶ 動作難度：高級
▶ 20秒運動次數：一組動作約12次

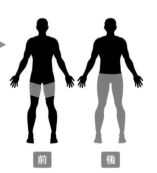

前　　後

1 站姿，雙手握住啞鈴
呈站姿，抬頭挺胸，雙手握住一個啞鈴。

2 呈弓箭步，雙手向前伸直
右腳向前跨一大步，右膝蓋彎曲至90度；左腳向後伸，持啞鈴的雙手則向前平舉。

3 上半身向右扭轉

雙手及上半身向右側扭轉，雙腳則保持不動。

4 回到站立姿

身體轉正並站起，回到預備姿勢。

NG 下半身不可扭轉

扭轉上半身時，下半身請維持弓箭步，並朝向前方，不能跟著轉動。

休息
10秒

5 上半身向左扭轉

膝蓋彎曲呈弓箭步，將上半身往左側扭轉。接著，重複上半身左右輪流扭轉的動作。

11 啞鈴雙手划船

強化胸線&肩線

想擁有傲人的上半身曲線嗎？只要努力手持啞鈴，做划船動作，就能讓肌肉線條更漂亮，消除多餘的贅肉。

▶ 運動部位：三角肌、斜方肌、肱三頭肌
▶ 動作難度：初級
▶ 20秒運動次數：一組動作約15次

後

1 站姿，手握啞鈴

呈站姿，抬頭挺胸，
雙手握住啞鈴。

2 右腳向前跨，舉起啞鈴

右腳向前跨步，上半身前傾。
雙手手肘成90度彎曲，舉起啞
鈴至腰部位置。

3 手臂向後伸直

固定上手臂與手腕的位置，同時將雙手手臂向後伸直。

4 收回手臂

將手臂收回，回到預備姿勢。之後重複手臂向後伸直再收回的動作。

休息 10秒

NG 身體前傾時，後腳不能彎曲

身體向前傾時，頭部與腳尖須呈一直線，後腳不能彎曲。此外，重心要保持穩定，不晃動。

+ STEP

12 肩關節寫字運動

打造魅力的上半身線條

這是利用啞鈴寫出「Y」、「T」、「W」、「L」的肩關節運動，能鍛鍊後腰和肩膀肌肉，練出迷人有型的線條。

> ▶ 運動部位：三角肌、背闊肌、肱二頭肌、肱三頭肌、豎脊肌
> ▶ 動作難度：中級
> ▶ 20秒運動次數：一組動作約8次

後

1 趴姿，雙手握住啞鈴

趴在瑜伽墊上，雙手握住啞鈴，並向前伸直平舉；雙腳則向後伸直貼地。

2 雙手向前伸展，做出Y字

握緊啞鈴，左右手分別向斜前方伸直，讓身體做出「Y」字形。

3 雙手向兩側伸展，做出T字

左右手分別向兩側伸直，讓身體做出「T」字形。

NG 無法負荷啞鈴重量時，可選擇其他物品

啞鈴有一定的重量，若運動時覺得勉強，可先徒手進行，或改拿較輕的水瓶代替亦無妨。

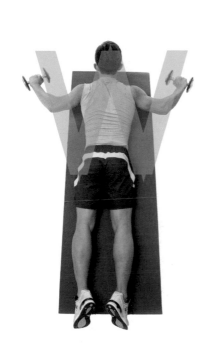

休息
10秒

4 雙手彎曲，做出W字

左右手同時彎曲，讓身體做出「W」的字形。

5 雙手盡量貼腰，做出L字

雙手收回，讓上手臂盡量貼腰，使身體做出兩個相反的「L」字形。接著在20秒內依序做出「Y」、「T」、「W」、「L」，一次四字，共做8次。

如何活用**啞鈴**，
打造專屬的間歇訓練？

　　本書所介紹的間歇訓練，皆為「一個動作20秒，休息10秒」，再進入下個動作的循環運動。換句話說，是由「12個動作」搭配「12個動作間的休息」所組成。「啞鈴」屬於高強度的運動，建議先熟練前五章的訓練後，在身體可負荷的狀態下，適時提高運動強度。

根據體能，選擇最適合的間歇訓練組合

基本SET　只要身體健康、體能正常，每個人都能完成！
（每個動作各20秒×休息10秒）× 重複1次＝6分鐘運動
（每個動作各20秒×休息10秒）× 重複2次＝12分鐘運動

配合休息時間，調整運動時間！

+5 多休息5秒
（每個動作各20秒×休息15秒）× 重複1次＝7分鐘運動
（每個動作各20秒×休息15秒）× 重複2次＝14分鐘運動

-5 少休息5秒
（每個動作各20秒×休息5秒）× 重複2次＝10分鐘運動
（每個動作各20秒×休息5秒）× 重複3次＝15分鐘運動

配合運動時間，調整休息時間！

+10 多運動10秒
（每個動作各30秒×休息20秒）× 重複1次＝10分鐘運動
（每個動作各30秒×休息30秒）× 重複1次＝12分鐘運動
（每個動作各30秒×休息20秒）× 重複2次＝20分鐘運動
（每個動作各30秒×休息10秒）× 重複3次＝24分鐘運動

每個動作間，皆休息10秒

休息10秒

肩關節
寫字運動

平舉啞鈴
跨步

啞鈴
向上推舉

啞鈴
雙手划船

啞鈴
肩上推舉

弓箭步
側旋轉

啞鈴
抬腿運動

雙手
向上抬腿

啞鈴
側併步

屈膝
左右扭轉

前彎
側平舉

啞鈴
蹲舉運動

12個啞鈴動作
運動20秒，休息10秒
共6分鐘

12　1　2　3　4　5　6　7　8　9　10　11

66　本章動作是在「不會對身體造成負擔」的情況下，99
以「如何有效刺激肌肉」為前提所安排，
因此，建議從第一個動作開始，依序進行。

Part

7

上班時也能做的
12個椅子運動

　　工作再忙，還是能利用短暫的休息時間做運動！只要有心，辦公室的桌椅也是很棒的運動器材。利用一張椅子，就能提升運動強度，有效刺激全身肌肉，達到減肥瘦身、緊實線條和強化體能等目的，簡單方便又容易。

Intermittent

+ STEP

1 椅子伏地挺身

強化胸部＆手臂肌肉

利用椅子的高度做伏地挺身，能有效鍛鍊胸部和手臂肌肉，甚至比徒手做更輕鬆。快利用辦公室的椅子試試看吧！

🚫 **NG** 膝蓋請勿直接跪地

動作時，請跪在墊上進行，以減緩膝蓋跪地的壓力，避免受傷。

▶ 運動部位：
　胸大肌、肱二頭肌
▶ 動作難度：初級
▶ 20秒運動次數：
　一組動作約15～18次

前

休息
10秒

1 面向椅子跪著

抬頭挺胸，上半身打直，跪在瑜伽墊上。

2 雙手撐住椅子

雙手打開至比肩膀略寬，手臂伸直，用手掌撐住椅子。

3 上半身向下壓

彎曲手臂，將身體下壓，直到接近椅子為止。接著重複做上半身伏地挺身的動作。

2 椅上撐體屈伸

打造彈力手臂

這是能讓缺乏運動的手臂，重新鍛鍊的動作，可有效訓練三頭肌，結實手臂、美化線條。只要伸展手臂肌肉，人也會變得神清氣爽。

🚫 **NG** 指尖與腳尖不可歪斜

撐於椅子上時，指尖和腳尖必須朝向前方，平行成兩條直線。

▶ 運動部位：肱三頭肌
▶ 動作難度：中級
▶ 20秒運動次數：
  一組動作約15～18次

後

休息
10秒

1 身體懸空，雙手撐於椅面

背對椅子，用雙手支撐在椅子邊緣，讓身體懸空坐下。

2 身體慢慢往下坐

慢慢下壓身體，直到臀部低於椅面，讓膝蓋呈90度為止。

3 將臀部向上抬起

手臂打直，用雙手的力量支撐身體，回到預備姿勢。之後重複坐下、起身的動作。

3 坐姿屈膝橋式

平坦＆緊實腹部

坐在椅子上，就能鍛鍊出迷人的馬甲線和巧克力腹肌，看電視時也能做，最適合沒時間運動的大忙人。還等什麼？快動起來吧！

🚫 **NG** 抬起雙腳時，不可打開

腹部用力將腳抬起時，抬起的雙腳要夾緊，不可分開。

▶ 運動部位：腹直肌
▶ 動作難度：初級
▶ 20秒運動次數：
　　一組動作約15～18次

前

休息 10秒

1 坐姿，手抓椅側

坐在椅子上，背部挺直，雙手手臂打直，並向後撐在椅子上。

2 膝蓋彎曲，將雙腳抬高

利用腹部的力量，將雙腳夾緊並抬起，使膝蓋呈90度彎曲。

3 放下雙腳

將雙腳放下，但不可碰地。之後重複雙腳抬高、放下的動作。

4 雙手撐椅抬臀

打造迷人蜜桃臀

羨慕別人擁有美麗的翹臀嗎?只要一張椅子,你也可以擁有令人稱羨的完美蜜桃臀。

▶ 運動部位:臀大肌、股四頭肌、大腿後側肌群
▶ 動作難度:中級
▶ 20秒運動次數:一組動作約15～18次

⊘

NG 抬起臀部時,頭部不要後仰

抬起身體時,注意頭部不可過度後仰,以免造成頸椎受傷。

前　後

休息
10秒

1 雙手向後抓住椅緣

雙腳張開與肩同寬,雙手向後撐在椅上,手掌握住椅緣,懸空坐下,讓膝蓋彎曲呈90度。

2 將臀部抬起

用雙手撐起身體,將臀部抬高,背部盡量打直,膝蓋可微彎。

3 將臀部放下

將臀部下壓,回到預備姿勢。之後重複臀部抬起、放下的動作。

5 單腳伸展運動
緊實大腿線條

整天坐在辦公室裡,是不是覺得雙腳腫脹、不舒服呢?快把腳伸直,徹底伸展活動吧!不僅能放鬆雙腳,更能強化腿部肌肉。

▶ 運動部位:股四頭肌
▶ 動作難度:初級
▶ 20秒運動次數:一組動作約10次

前

1 坐姿,腰背挺直
靠在椅背上坐下,雙腳張開至與肩同寬。

2 抬起右腳,並勾起腳尖
將右腳向前抬起,腳尖朝向天花板,使小腿與腳尖呈90度直角。

NG 腳尖不可朝前

單腳抬起時，腳尖必須朝上，和小腿呈
90度，不可放鬆。

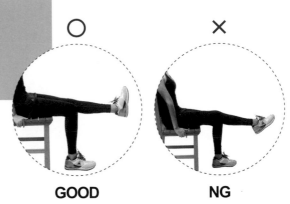

○ ╳

GOOD **NG**

休息
10秒

3 放下右腳

將伸直的右腳放下，但不
碰地。之後在10秒內重複
抬起、放下的動作。

4 換抬起左腳

將左腳伸直抬起，並在10秒
內重複抬起、放下的動作。

6 彈力帶頸部伸展

放鬆&伸展肩頸肌肉

如果感覺後頸僵硬，不妨試著做這個運動。彈力帶的彈性可幫助紓緩頸部肌肉，比任何一種運動都有效。

NG 脖子不可後仰過度

向後仰時，角度不可過大，以免壓迫頸椎，造成受傷。

▶ 運動部位：頸部肌肉
▶ 動作難度：初級
▶ 20秒運動次數：維持20秒

前

休息
10秒

1 坐姿，
將彈力帶放在後腦杓

坐在椅子上，抬頭挺胸，雙手拉開彈力帶，並放在後腦杓。

2 將彈力帶往前拉

用雙手將彈力帶向前拉，同時頸部也向後仰，維持這個姿勢20秒，身體請勿晃動。

7 彈力帶肩部伸展

紓緩肩頸肌肉

利用彈力帶搭配聳肩動作，就能充分伸展肩膀肌肉，有效紓緩疲勞及痠痛，效果非常好。學會這個動作，再也不用請人幫忙按摩肩膀了。

> ▶ 運動部位：三角肌、斜方肌
> ▶ 動作難度：初級
> ▶ 20秒運動次數：一組動作約15～18次

前

休息
10秒

1 坐姿，腳踩彈力帶

腰背打直坐在椅子上，雙腳踩住彈力帶，雙手則握住彈力帶的兩端。

2 拉緊彈力帶

雙手用力，將彈力帶拉緊。

3 盡量將肩膀聳起

聳肩，動作越大越好，同時雙手向外張開，將彈力帶拉長。之後重複聳肩、放鬆的動作。

157

+
STEP

8 坐姿側邊伸展
雕塑&美化體側線條

利用彈力帶的延展性，可盡情伸展手臂。透過側面大幅度的伸展，能雕塑身體線條，彈力帶拉得越長，效果越好。

▶ 運動部位：外&內腹斜肌
▶ 動作難度：初級
▶ 20秒運動次數：一組動作約15～18次

前

1 將彈力帶放在臀部下方
坐姿，腰部打直，雙手抓住彈力帶兩端，中間則用臀部壓住。

2 雙手向外平舉
雙手握住彈力帶兩端，將手臂向外平舉，直到與肩膀同高。

NG 身體不要向前傾

拉高彈力帶時，身體不要向前傾，重心仍須維持在中央。

休息10秒

3 將右手往左側拉高

右手向上拉高，將身體大幅度彎向左側。之後再回到雙手平舉的姿勢，重複平舉、側彎的動作。

4 將左手往右側拉高

換將左手向上拉高，並將身體彎向右側。接著，再回到雙手平舉的姿勢，重複平舉、側彎的動作。

9 彈力帶擴胸運動

鍛鍊 & 美化胸線

這個動作可依彈力帶的彈性及難易度，分為初級、中級和高級，建議初學者從初級開始挑戰，可確實伸展背部和胸部的肌肉。

▶ **運動部位**：斜方肌、背闊肌
▶ **動作難度**：初級
▶ **20秒運動次數**：一組動作約15次

後

1 坐姿，將彈力帶繞過身後

坐姿，腰部打直，雙手抓著彈力帶並繞過身後，放在椅子上。

2 將雙手手臂抬高

雙手拉住彈力帶，將手臂抬起至肩膀的高度，讓彈力帶貼於背部。

NG 適時調整彈力帶，
不可過緊或過鬆

彈力帶如果過鬆，就沒有辦法拉緊肌肉；彈
力帶過緊，則可能會導致肌肉受傷。請適時
調整彈力帶的長度，維持一定的彈性。

休息
10秒

3 雙手向前伸直

拉住彈力帶，將雙手向前
伸直，上半身則盡量向前
彎，背部保持一直線。

4 雙手再次向外打開

雙手收回，再次將背部打
直。之後重複雙手向前伸
直、收回的動作。

+ STEP

10 彈力帶屈腿運動

打造纖長美腿

此動作和常見的健身房器材相似，現在不用去健身房，也能享受同樣的效果。只要一張椅子及一條彈力帶，就能擁有纖細美腿。

🚫 **NG** 上半身不可歪斜

注意腰部別彎曲，臀部也不要向後靠近椅背。

▶ 運動部位：股四頭肌
▶ 動作難度：初級
▶ 20秒運動次數：一組動作約8次

前

休息 10秒

1 坐姿，右腳踩住彈力帶

呈坐姿，抬頭挺胸，手握彈力帶兩端，並用右腳踩住彈力帶。

2 抬起右腳，同時彎曲膝蓋

抬起右腳，讓膝蓋呈90度彎曲，並適時調整彈力帶的長度，方便下一個動作進行。

3 右腳向前伸直

膝蓋用力，將右腳向前伸直後收回，呈膝蓋彎曲的預備姿勢。之後重複右腳伸直、收回的動作，雙腳各做8次。

11 坐姿髖關節外展

打擊下垂臀 & 粗腿

這個動作能有效鍛鍊腿部側邊的肌肉及臀大肌，只要每天伸展腿部肌肉，就能美化雙腿線條，輕鬆穿上超短熱褲，再也不用擔心身材。

NG 注意身體重心不要傾斜

抬腳時，身體要保持中立，不往外側傾倒。

前

▶ 運動部位：
闊筋膜張肌
▶ 動作難度：中級
▶ 20秒運動次數：
一組動作約8次

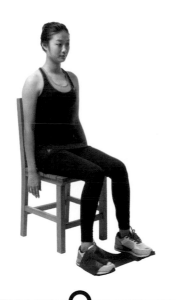

休息10秒

1 對折彈力帶，套在右腳上

坐在椅上，左腳踩住彈力帶兩端，再將彈力帶套住右腳。

2 右腳往外側抬起

將右腳往身體外側抬起，左腳則固定不動；再慢慢放下右腳。注意放下時，右腳不可碰地。

3 依序抬起及放下左、右腳

完成右腳的動作後，再換左腳，以相同方式，重複抬起及放下的動作。

12 坐姿大腿外展

鍛鍊大腿內側肌肉

若希望大腿線條緊實，須特別注意大腿的內側肌肉。將彈力帶套住腳掌並向上拉，可鍛鍊較少運動的內側肌群，強化腿部線條。

▶ 運動部位：內轉肌、股四頭肌
▶ 動作難度：中級
▶ 20秒運動次數：一組動作約8次

前

1 將彈力帶對折，套在左腳掌上

坐在椅上，右腳踩住彈力帶兩端，做出一個圈，再將彈力帶套住左腳。

2 抬起左腳，拉緊彈力帶

稍稍抬起左腳，盡量將彈力帶拉緊。

NG 動作時，注意身體不要傾斜

翹腳抬起時，請保持身體的重心，不往外側傾倒。

休息
10秒

3 用力抬起左腳

將左腳朝右上方拉，像翹腳一樣
抬起，但不可碰到右膝。之後再
回到預備姿勢，重複抬起、放下
的動作。

4 換抬起右腳

換將右腳像翹腳般抬起，但不
可碰到左膝。再回到預備姿
勢，重複抬起、放下的動作。

如何活用椅子，
打造專屬的間歇訓練？

　　本書所介紹的間歇訓練，皆為「一個動作20秒，休息10秒」，再進入下個動作的循環運動。換句話說，是由「12個動作」搭配「12個動作間的休息」所組成。只要利用日常生活中，隨手可得的椅子，就能提升運動強度，刺激全身肌肉，達到健身、減肥目的。

根據體能，選擇最適合的間歇訓練組合

基本SET　只要身體健康、體能正常，每個人都能完成！
（每個動作各20秒×休息10秒）× 重複1次＝6分鐘運動
（每個動作各20秒×休息10秒）× 重複2次＝12分鐘運動

配合休息時間，調整運動時間！

+5　多休息5秒
（每個動作各20秒×休息15秒）× 重複1次＝7分鐘運動
（每個動作各20秒×休息15秒）× 重複2次＝14分鐘運動

-5　少休息5秒
（每個動作各20秒×休息5秒）× 重複2次＝10分鐘運動
（每個動作各20秒×休息5秒）× 重複3次＝15分鐘運動

配合運動時間，調整休息時間！

+10　多運動10秒
（每個動作各30秒×休息20秒）× 重複1次＝10分鐘運動
（每個動作各30秒×休息30秒）× 重複1次＝12分鐘運動
（每個動作各30秒×休息20秒）× 重複2次＝20分鐘運動
（每個動作各30秒×休息10秒）× 重複3次＝24分鐘運動

每個動作間，都休息10秒

休息10秒

坐姿
大腿外展

椅子
伏地挺身

椅上
撐體屈伸

坐姿
髖關節外展

坐姿
屈膝橋式

彈力帶
屈腿運動

雙手
撐椅抬臀

彈力帶
擴胸運動

單腳
伸展運動

坐姿
側邊伸展

彈力帶
肩部伸展

彈力帶
頸部伸展

12個椅子動作
運動20秒，休息10秒
共6分鐘

12 1 2 3 4 5 6 7 8 9 10 11

> 本章動作是在「不會對身體造成負擔」的情況下，
> 以「如何有效刺激肌肉」為前提所安排，
> **因此，建議從第一個動作開始，依序進行。**

Part

8

快速燃脂減重的
10個球＆跳繩運動

　　跳繩是簡單好上手的有氧運動，能促進血液循環、減輕壓力；在空腹時跳繩，可加速脂肪燃燒的速度，達到良好的減肥效果；甚至能刺激生長板的造骨細胞，促進發育、幫助身高成長。

　　此外，籃球也是非常好的運動器材，一般人可能只單純打籃球，不過，「持球」運動也能達到很好的運動效果。持球時，為了避免球在運動過程中掉落，手腳肌肉必須維持一定的緊繃感，因此，身體的平衡感比徒手時來得更好，運動效果也更佳。

Intermittent

1 持球跨步運動

訓練身體平衡感

持球運動能幫助身體維持平衡感，效果媲美做體操。配合節奏反覆伸展，就能讓臀部和大腿的線條更美。

🚫 NG 身體不能失去平衡

起身時，請用腳的力量站起，並注意身體的平衡感，保持抬頭挺胸。

▶ 運動部位：股四頭肌、臀大肌、闊筋膜張肌
▶ 動作難度：中級
▶ 20秒運動次數：
　一組動作約5次

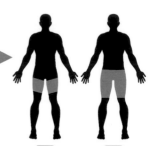

前　後

休息10秒

1 跪姿，雙手持球

雙手持球，抬頭挺胸，右腳向前跨一步，呈弓箭步蹲下。

2 起身，抬起左腳

將持球的雙手平舉至肩膀高度，並將左腳向側邊抬高。

3 跪姿，雙手收回

左腳向前跨一大步，再次呈弓箭步蹲下；持球的雙手則收回至胸前。

4 起身，抬起右腳

換將右腳往側邊抬高，同時雙手持球平舉。之後重複雙腳往左右抬高及弓箭步的動作。

2 持球平躺扭轉

打造立體感腹肌

如果想要打造完美的胸部和腹部線條，只要持球扭轉身體，就能達到很好的效果。建議搭配音樂一起進行，做起來會更愉快。

> ▶ 運動部位：腹橫肌、胸大肌、外＆內腹斜肌
> ▶ 動作難度：中級
> ▶ 20秒運動次數：一組動作約8次

前

1 躺姿，抬高雙手及屈膝

躺在瑜伽墊上，持球的雙手打直舉高，膝蓋彎曲呈90度。

2 下半身扭轉至左側

雙手打開平放至地板，右手持球。大幅度扭轉下半身至左側，保持膝蓋彎曲。

3 回到預備姿勢

雙腳再次彎曲呈90度，持球的雙手則舉高。

4 下半身扭轉至右側

雙手再次打開平放至地板，換左手持球，大幅度扭轉下半身至右側。之後重複左右手持球，並扭轉下半身的動作。

休息
10秒

+ STEP

3 持球屈膝仰臥起坐
強化下半身肌肉＆腹肌

包含持球、屈膝及仰臥起坐的動作，雖然動作繁多有些累人，卻能同時雕塑腹部、臀部和肩膀線條，運動效果極佳。

▶ 運動部位：腹直肌、肱二頭肌、三角肌
▶ 動作難度：高級
▶ 20秒運動次數：一組動作約8次

前

1 躺姿，將球放在腳背上

躺在墊上，膝蓋彎曲90度，將球放在腳背。

2 用雙腳將球抬起

將雙手高舉過頭，雙腳彎曲呈90度抬高，球不可掉落。

3 起身，雙手抓住球

抬起上半身，雙手向前伸直抓住腳上的球。

4 上半身向後躺

將上半身往後躺，並將持球的雙手高舉過頭。保持膝蓋彎曲，不可碰地。

5 再次起身，將球放回腳上

上半身再次抬起，將球放回腳背上。

6 重複持球、放球的起身動作

回到預備姿勢，重複持球、放球的仰臥起坐動作。

休息
10秒

⊘ NG 不可用脖子抬起上半身

請用腹部的力量抬起上半身，千萬不可用脖子出力，因此，施力點務必正確，避免用力過度，造成頸椎受傷。

+ STEP

4 持球蹲坐旋轉

強化肩部&腿部肌耐力

這個動作類似打籃球時的球員防守姿勢，可同時鍛鍊肩膀、雙腳等多個部位的肌肉，讓全身的線條更緊實、俐落。

▶ 運動部位：股四頭肌、內轉肌、大腿後側肌群、三角肌
▶ 動作難度：中級
▶ 20秒運動次數：一組動作約8次

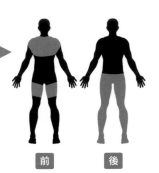

前　　後

休息10秒

1 站姿，將球高舉過頭

呈大字站姿，雙腳張開比肩膀略寬，並將持球的雙手高舉過頭。

2 蹲姿，球平推至左側

向下蹲坐，膝蓋呈直角彎曲，同時將持球的雙手放至胸前，往左側平推。

3 再次蹲下，球平推至右側

起身後，再次蹲下，換將球推向右側。之後重複起身蹲下，將球左右平推的動作。

5 持球弓箭步

強健手臂＆大腿肌肉

此動作可以緩解肩頸痠痛，放鬆及伸展肌肉。持球運動時，產生的自然韻律感，能連帶運動到肩膀、手臂的肌肉，效果範圍好又廣。

🚫 **NG 蹲坐時，上半身不要歪斜**

蹲坐時，上半身不要過度向前傾斜。請將背部打直，膝蓋必須彎曲呈直角。

前

▶ 運動部位：
　股四頭肌、三角肌
▶ 動作難度：中級
▶ 20秒運動次數：
　一組動作約8次

休息
10秒

1 站姿，將球舉高

站姿，雙腳打開至與肩同寬，雙手持球並高舉過頭。

2 呈弓箭步，雙手向前平舉

左腳向前跨一步，呈弓箭步，使膝蓋呈90度彎曲；將球放下至肩膀的高度，與地面平行。

3 再次將球舉高

回到站姿，雙手將球舉高。

4 換右腳向前跨出一步

換右腳向前，將持球的雙手放下。接著重複左右腳起立、蹲下的持球動作。

+ STEP 6 躺姿夾球扭轉

消除大腿＆腹部贅肉

利用大腿用力夾住球，再將雙腳大幅度左右扭轉，就能有效消除腹部贅肉，也能同時鍛鍊大腿肌肉，美化腿部線條。

> ▶ 運動部位：腹直肌、外內斜肌、腹橫肌、內轉肌
> ▶ 動作難度：初級
> ▶ 20秒運動次數：一組動作約8次

前

1 躺姿，膝蓋夾球

躺在瑜伽墊上，雙手置於身體兩側，膝蓋彎曲呈直角，再用膝蓋夾住球。

2 下半身往左側倒

雙腳夾緊球並往左側倒，注意膝蓋不可碰到地板，上半身保持不動。

3 下半身往右側倒

雙腳轉正，回到預備姿勢，再換往右側倒。之後重複左右側扭轉的動作。

休息10秒

🚫 NG 肩膀不能離開地面

扭轉時，上半身必須緊貼瑜伽墊；雙腳往側邊倒時，膝蓋則不能碰到瑜伽墊。

7 趴姿腿部夾球

刺激背肌 & 提升大腿肌耐力

　　雙腳夾住球不要掉落，再慢慢將腳抬高，不僅可以鍛鍊及美化腿部線條，也能有效伸展背部肌肉，提升肌耐力。

▶ 運動部位：臀大肌、大腿後側肌群
▶ 動作難度：中級
▶ 20秒運動次數：一組動作約15～18次

後

1 趴姿，雙腳夾住球

雙腳夾球趴在瑜伽墊上，雙手稍微撐起胸部，保持身體平衡。

2 雙腳往上抬

用力夾住球後，慢慢地將雙腳往上抬高。

3 雙腳輕輕放下

雙腳放下，但不可碰到地板。接著重複雙腳抬起、放下的動作。

休息10秒

🚫 NG 雙腳不可抬太高

如果抬得太高，對腰部可能造成負擔，因此，以不傷害腰部為原則，選擇適合自己的抬起高度。放下時，注意雙腳不要碰到地板。

8 持球三頭肌伸展
強化及伸展背部肌群

可伸展因久坐而僵硬的背部肌肉，還能鍛鍊身體較少使用的肌肉群。此外，建議在雙手持球時做此動作，比徒手做的效果更好。

🚫 **NG** 注意不可駝背

彎曲時，腰部須打直，不拱背。另外，雙手放下時，不能碰到背部和腰部。

▶ 運動部位：肱三頭肌、背闊肌、三角肌
▶ 動作難度：初級
▶ 20秒運動次數：15～18次

後

休息10秒

1 蹲姿，雙手持球
膝蓋和骨盆微彎，呈半蹲姿，雙手持球向後伸，讓球停留在腰部的位置。

2 雙手向上抬
雙腳保持不動，將持球的雙手向上抬高。

3 將球慢慢放下
把球慢慢放下但不要碰到腰背。之後重複雙手持球抬起、放下的動作，進行時請保持膝蓋微彎。

9 持球趴姿背部伸展

提升腰部柔軟度＆美化背部

若想強化腰背的柔軟度與肌力，一定要經常做此動作。剛開始動作可能無法很熟練，只要多做幾次，便能駕輕就熟。

▶ 運動部位：豎脊肌、臀大肌
▶ 動作難度：中級
▶ 20秒運動次數：一組動作約15～18次

後

1 趴姿，雙手持球向前

趴在瑜伽墊上，雙手持球向前伸直，視線看地面。

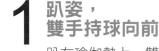

2 抬起雙手及上半身

將雙手和胸部盡量抬高，視線向前，雙腳略離地。

3 將球慢慢放下

將上半身和雙腳慢慢放低，但不能碰地。之後重複抬起、放下的動作。

休息
10秒

⊘ NG 請確實將胸部向上抬高

注意不能只將雙手抬高，而是要確實將上半身抬起，但不可過度，以免造成腰部的負擔。

179

燃脂跳繩運動

進行本章球類運動時，可在動作組合中加入「跳繩運動」，只要在20秒內盡情跳躍，便能加速燃脂速度，有效消除多餘脂肪。

NG 跳繩時，身體不要前傾或後仰

保持身體的重心，姿勢務必正確。

▶ 運動部位：全身肌肉
▶ 動作難度：初級
▶ 20秒運動次數：越多越好

休息10秒

20秒內，持續跳繩不間斷

如何正確跳繩，提高運動效果？

跳繩是一項專業運動，應注意許多細節，才能將運動效果發揮到最大，避免運動傷害。以下三大重點，請務必遵守，包括：

❶ 請先熱身、活動關節

跳繩前，請先活動四肢與關節，可以先做簡單的伸展，如扭動腳踝、手腕等；跳完後，也可以做適當的緩和活動，讓疲憊的肌肉得以充分舒展，避免乳酸堆積的疲勞痠痛。

❷ 選擇地面軟硬適中的場地

場地以草坪、木質地板或PU材質的跑道、操場較佳。因柔軟與略有彈性的地面，可緩衝膝蓋跳躍時的壓力；切勿在堅硬的水泥或柏油路上跳繩，以免造成關節損傷。另外，應穿著質地軟、重量輕的球鞋，保護腳踝，避免運動傷害。

❸ 自然呼吸，不用刻意跳太高

跳繩時須放鬆肌肉和關節，自然呼吸，注意腳尖和腳跟的協調性，不需要跳得太高，重點是快速的跳躍。想像自己像一顆球，輕盈地向上跳。剛開始請先慢慢跳，當作暖身，逐步喚醒全身肌肉。

如何活用球及跳繩，
打造專屬的間歇訓練？

　　本書所介紹的間歇訓練，皆為「一個動作20秒，休息10秒」，再進入下個動作的循環運動。換句話說，是由「12個動作」搭配「12個動作間的休息」所組成。此外，跳繩屬於有氧運動的一種，與球類運動搭配進行間歇訓練時，除了增加心肺耐力，亦可鍛鍊肌力，一舉兩得。

根據體能，選擇最適合的間歇訓練組合

基本SET　只要身體健康、體能正常，每個人都能完成！
（每個動作各20秒×休息10秒）× 重複1次＝6分鐘運動
（每個動作各20秒×休息10秒）× 重複2次＝12分鐘運動

配合休息時間，調整運動時間！

+5　多休息5秒
（每個動作各20秒×休息15秒）× 重複1次＝7分鐘運動
（每個動作各20秒×休息15秒）× 重複2次＝14分鐘運動

-5　少休息5秒
（每個動作各20秒×休息5秒）× 重複2次＝10分鐘運動
（每個動作各20秒×休息5秒）× 重複3次＝15分鐘運動

配合運動時間，調整休息時間！

+10　多運動10秒
（每個動作各30秒×休息20秒）× 1次重複＝10分鐘運動
（每個動作各30秒×休息30秒）× 1次重複＝12分鐘運動
（每個動作各30秒×休息20秒）× 2次重複＝20分鐘運動
（每個動作各30秒×休息10秒）× 3次重複＝24分鐘運動

跳繩運動×3
球類動作×9

每個動作間
休息10秒

休息10秒

持球趴姿
背部伸展

跳繩
運動

持球
跨步運動

9   1

持球
三頭肌伸展

8   2

持球
平躺扭轉

9個球類
動作＋跳繩
運動20秒，休息10秒
共6分鐘

趴姿
腿部夾球

7   3

持球屈膝
仰臥起坐

跳繩
運動

跳繩
運動

6   4

5

躺姿
夾球扭轉

持球
弓箭步

持球
蹲坐旋轉

休息10秒

66 本章動作是在「不會對身體造成負擔」的情況下，99
以「如何有效刺激肌肉」為前提所安排，
因此，建議從第一個動作開始，依序進行。

Part

9

專攻難瘦脂肪的
40個局部雕塑運動

　　為什麼我們需要運動呢？除了健康，做運動的主因多是希望讓身材、體態更完美。因此，本章將為各位介紹，針對局部鍛鍊的間歇訓練。這些動作皆已於前幾章學習過，本章則是稍加變化，並重新分類，依「想雕塑的部位」強化集中訓練。因此，不用擔心自己無法完成，請專心雕塑最想瘦的部位吧！

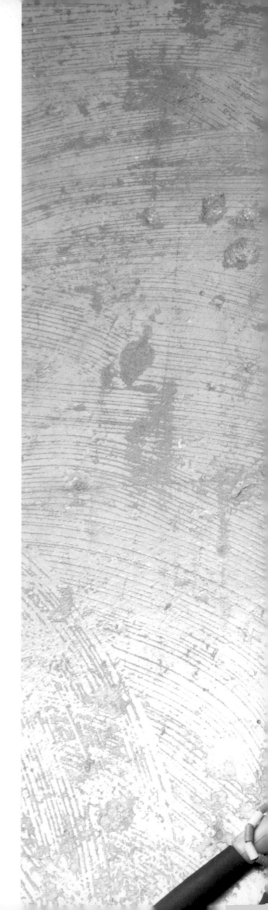

Intermittent

雕塑上半身的運動
STEP 1

　　如果想完美駕馭連身洋裝或貼身背心等合身衣物，「上半身的線條」就是決勝關鍵。讓我們一起透過各種不同的動作，打造彈力緊緻的身體線條，和蝴蝶袖及彎腰駝背説再見吧！

再見了！
肥胖的上半身

1 屈膝伏地挺身

強化胸線＆手臂肌肉

伏地挺身不只是重複手臂彎曲、伸直，而是要將身體盡量壓低並與地面平行。讓我們專注地做好每個細節，達到最佳運動效果。

▶ 運動部位：胸大肌、肱二頭肌、三角肌
▶ 動作難度：中級
▶ 20秒運動次數：一組動作約8～10次

1 呈四足跪姿

雙手張開至與肩同寬，並撐於地面；雙膝則跪地。

2 雙腳交疊後離地

將雙腳抬起，只以膝蓋和雙手撐地，雙臂須完全打直。

3 彎曲手臂，將身體往下壓

手臂彎曲，身體下壓至胸部快碰地，再將身體撐起。之後重複身體抬起、下壓的動作。

休息10秒

 PLUS 依「體能」提升難度

伏地挺身有許多變化，只要稍加改變，就能增加運動強度。如將雙腳伸直，在膝蓋不碰地的狀態下，僅用雙手進行，就能提高強度。

2 彈力帶側平舉

消除手臂蝴蝶肉

這個動作能有效鍛鍊上臂與背部線條。拉扯彈力帶時，手和腳要張開，並將臀部稍微往後翹，避免傷害腰部。

▶ 運動部位：背闊肌、肱三頭肌
▶ 動作難度：初級
▶ 20秒運動次數：一組動作約8～10次

🚫 **NG** 膝蓋不可併攏

動作時，維持雙腳張開站立，才能達到良好的運動效果。

休息 10秒

1 站姿，腳踩彈力帶

手拉彈力帶兩端，雙腳張開至與肩同寬，並踩住彈力帶。

2 呈半蹲馬步姿

稍微蹲低，臀部向後翹起，膝蓋與腳尖朝前，維持蹲馬步的姿勢。

3 雙手往兩側平舉

維持半蹲姿勢，雙手抓緊彈力帶，往兩側平舉至肩膀的高度。之後重複雙手平舉、放下的動作。

3 彈力帶肩上拉舉

打造魅力肩線

如果希望美化肩線與手臂線條，一定要經常做這個彈力帶拉舉的運動，能有效減少贅肉，使手臂的線條更俐落。

NG 手臂伸直不歪斜

雙手向上拉舉時，手臂必須完全伸直，不能向前或向後傾。

▶ 運動部位：三角肌、斜方肌
▶ 動作難度：初級
▶ 20秒運動次數：一組動作約8～10次

休息10秒

1 站姿，腳踩彈力帶
手拉彈力帶兩端，雙腳張開與肩同寬，腳踩彈力帶。

2 雙手向上彎曲
將手肘彎曲成直角，再將彈力帶向上拉。

3 手臂向上高舉
雙手用力向上拉舉彈力帶，手臂務必打直。之後重複手臂彎曲、高舉的動作。

4 彈力帶握拳上舉

塑造緊實的上半身

只要用力握住彈力帶往上拉,將力量集中在肩膀和手臂,就是雕塑效果加倍的上半身運動,請大家務必試看看!

🚫 **NG** 身體不能向後仰

將彈力帶向上拉高時,腰部不能向後傾。

- ▶ 運動部位:三角肌、肱二頭肌
- ▶ 動作難度:中級
- ▶ 20秒運動次數:一組動作約8～10次

休息
10秒

1 站姿,腳踩彈力帶

手拉彈力帶兩端,雙腳張開至與肩同寬,腳踩彈力帶。

2 將雙手拉高至下巴

雙手握拳拉緊彈力帶,將雙手拉高至下巴的位置。

3 將彈力帶向上拉,高舉過頭

將雙手伸直,讓彈力帶高舉過頭。之後重複雙手高舉、放下的動作(步驟❷及❸)。

5 彈力帶上臂彎舉

強化手臂肌肉

此動作的拉舉範圍雖然小，運動效果卻很強。拉緊彈力帶時，能充分感覺手臂肌肉正在被大幅伸展，有效強化手臂線條。

NG 手臂不可向外張開

抬高雙手時，手臂要固定在身體的兩側，夾緊身體，不可向外張開。

▶ 運動部位：肱二頭肌
▶ 動作難度：初級
▶ 20秒運動次數：一組動作約15次

休息
10秒

1 站姿，腳踩彈力帶

手拉彈力帶兩端，雙腳張開至與肩同寬，腳踩彈力帶。

2 雙手向上彎曲

手背朝前，將雙手抬高至胸部，手肘固定在身體兩側。

3 回到預備姿勢

雙手放下回到預備姿勢後，再次將雙手抬高。之後重複雙手高舉、放下的動作。

6 彈力帶三頭肌伸展

伸展肩頸的肌肉

此動作能紓緩肩頸肌肉的壓力，並消除多餘贅肉。動作看似簡單，卻容易因姿勢錯誤而失去效果。因此，動作時務必多加留意。

NG 拉起彈力帶時，手腕不能彎曲

動作時，手腕不可彎曲，手肘必須緊貼耳朵。

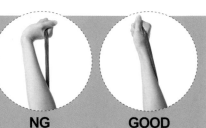

NG　　　GOOD

▶ 運動部位：肱三頭肌
▶ 動作難度：中級
▶ 20秒運動次數：
　一組動作約8～10次

休息10秒

1 雙腳微開站立，右手握住彈力帶

右腳踩住彈力帶一端的1/4處，另一端則用右手抓住，左手則扶住右手上臂。

2 右手肘彎曲呈90度，再向上抬起

右手彎曲抬高貼近耳側，再向上抬起拉開彈力帶；左手則握住右手的腋下。再重複右手臂向後彎曲、向上伸直的動作。

3 換左手彎曲，並向上抬起

換左手肘彎曲90度後，再向上抬起，並用右手固定左手臂。之後重複左手臂向後彎曲、向上伸直的動作。

7 啞鈴前平舉

燃燒全身脂肪

反覆彎腰、挺直身體，能有效提升整體肌力。選擇啞鈴時，其重量需符合自身體能，不能過度勉強，才能達到良好的運動效果。

NG 雙手不宜抬太高

雙手向前平舉時，要與頭部同高，不可高於頭部。

▶ 運動部位：肱二頭肌、三角肌
▶ 動作難度：初級
▶ 20秒運動次數：一組動作約10次

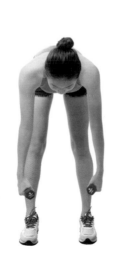

休息 10秒

1 站姿，雙手握住啞鈴

抬頭挺胸，手握啞鈴站立，雙腳打開至與肩同寬。

2 身體向前彎

雙手自然垂放，向前彎腰，盡量將身體呈90度彎曲。

3 雙手向前平舉，再放下

將啞鈴向前平舉，雙手抬至耳朵高度再放下。之後重複雙手平舉、放下，身體則保持彎曲。

8 啞鈴三頭肌伸展

強化背部 & 手臂肌肉

只要正確地完成每一個動作，就能獲得理想中的效果。一起認真做運動，打造緊實又光滑的手臂線條吧！

🚫 **NG** 雙手移動的速度不宜過快

雙手若動得太快，可能會導致肩膀關節受傷，請特別留心注意。

+
▶ 運動部位：肱三頭肌
▶ 動作難度：中級
▶ 20秒運動次數：一組動作約10次

側面

休息 10秒

1 站姿，雙手握住啞鈴

雙腳微開站立，雙手握住啞鈴。

2 手臂伸直，雙手高舉過頭

手背朝下，將啞鈴高舉過頭，手臂請伸直。

3 將啞鈴放低至肩膀的高度

手臂向後彎曲，將啞鈴放至身後，約肩膀的高度。之後重複手臂後彎、伸直的動作。

9 啞鈴手腕運動

強化關節肌肉

這個動作能強化手腕關節，亦能改善因使用過度而受傷的肌肉組織。因此，特別適合經常使用滑鼠、鍵盤或愛滑手機的現代人。

⊘ NG 請務必慢慢轉動啞鈴

轉動啞鈴速度過快容易受傷，損害關節，請務必小心。

- ▶ 運動部位：下臂伸展肌群
- ▶ 動作難度：初級
- ▶ 20秒運動次數：各10次

休息10秒

1 站姿，手握啞鈴

雙手握住啞鈴，手掌向內彎，手肘彎曲90度。

2 掌心朝上，手腕上下移動

重複掌心朝上，手腕抬高、放下的動作，共做10次。

3 手背朝上，手腕上下移動

重複手背朝上，手腕抬高、放下的動作，共做10次。

10 躺姿啞鈴手臂上拉

強化三角肌＆美化肩線

躺著也能做的啞鈴運動？只要反覆伸直、彎曲手臂，就可刺激肩膀、胸部的肌肉，打造美麗的身體曲線，使身材更完美。

▶ 運動部位：胸大肌、三角肌
▶ 動作難度：中級
▶ 20秒運動次數：一組動作約10次

1 躺姿，右手握住啞鈴

屈膝90度後躺下，右手握住一個啞鈴。

2 雙臂上舉，雙手握住啞鈴

將啞鈴高舉過頭，手臂伸直。

3 雙手向上抬起

將啞鈴向上舉至與地面平行。之後重複手臂上舉、向後伸直的動作。

休息 10秒

NG 請緊握啞鈴，避免滑落

啞鈴有一定的重量，擺動的過程中請務必抓緊，否則可能會掉落，造成受傷。

11 躺姿胸部伸展

伸展胸部肌肉

這是不需任何健身器材，躺著就能做的胸部伸展動作。只要將力量施於雙手，專注地開合手臂，便能擁有傲人的胸部線條。

- ▶ 運動部位：胸大肌、三角肌
- ▶ 動作難度：初級
- ▶ 20秒運動次數：一組動作約15次

1 躺姿，膝蓋彎曲

膝蓋彎曲90度後躺下，雙手彎曲平貼於地面，將上手臂置於頭部兩側。

2 手臂向上舉，手肘併攏

將雙手抬起並收回於胸前，回到預備姿勢。再重複雙手舉起、放下的動作，充分伸展胸部肌肉。

休息
10秒

緊實下半身的運動

STEP 2

　　想擁有美麗的大腿線條將不再是夢想！只要擁有恆心及毅力，下半身的贅肉一定可以靠「運動」消除。下半身雕塑重點在於動作的變化，藉由不同的運動強度刺激大腿和臀部，就會產生顯著效果。

有效消除下半身肥胖

1 高舉雙手跳躍

強化臀大肌 & 大腿肌肉

只要反覆坐下、起立，就能強化臀部和大腿的肌力，消除下半身的贅肉，運動效果非常好。不妨一起盡情跳躍，緊實曲線吧！

NG 蹲下時，膝蓋不可超過腳尖

蹲下時，大腿請盡量和地面平行，但膝蓋絕不能超過腳尖，避免受傷。

▶ 運動部位：全身肌肉
▶ 動作難度：初級
▶ 20秒運動次數：15次

休息 10秒

1 站姿，雙手自然垂放

抬頭挺胸，雙腳打開至與肩同寬。

2 蹲坐，雙手往後伸直

膝蓋彎曲90度後蹲下，雙手順勢向後方伸直。

3 先舉起雙手，再向上跳躍

雙手高舉過頭後，將身體向上跳起。之後重複蹲坐、向上跳的動作。

2 彈力帶髖關節外展

雕塑腿部肌肉

若想擁有緊實雙腿，一定要先有肌肉。利用彈力帶，就能打造充滿彈性的腿部肌肉，簡單又方便。

🚫 **NG** 抬腳時，身體不可歪斜

單腳抬起時，身體的重心要維持在中間，骨盆亦不可傾斜。

➤ 運動部位：闊筋膜張肌
➤ 動作難度：初級
➤ 20秒運動次數：各8次

休息 10秒

1 左腳踩彈力帶；用彈力帶套右腳

雙手叉腰，雙腳打開至與肩同寬，將彈力帶對折套住右腳，左腳踩住彈力帶的另一端固定。

2 右腳往側邊抬起

右腳往右側抬起，在10秒內重複抬起、放下的動作，共8次。

3 左腳往側邊抬起

換將左腳用彈力帶套住，右腳踩住彈力帶。在10秒內重複左腳抬起、放下的動作，共8次。

3 彈力帶交叉伸展

打造充滿彈性的雙腿

類似踢毽子的動作，卻比毽子更有效果。因為雙腳會同時受到彈力帶的阻力牽制，在反彈力的作用下，可有效刺激雙腿肌肉。

🚫

NG 動作時，身體不可歪斜

抬腳時，注意身體重心，不可向外側傾斜。

➕
▶ 運動部位：內轉肌
▶ 動作難度：中級
▶ 20秒運動次數：各8次

休息
10秒

1 站姿，將彈力帶套住右腳踝，左腳踩住彈力帶

雙腳打開至與肩同寬，將彈力帶對折套住右腳踝，另一端用左腳踩住固定。

2 右腳往左前方抬高

右腳往左前方抬高，在10秒內重複抬高、放下的動作，共8次。

3 換左腳往右前方抬高

換將左腳踝用彈力帶套住，右腳踩住另一端。在10秒內重複左腳抬起、放下的動作，共8次。

4 彈力帶腿部伸展

延展大腿後側肌群

利用彈力帶的阻力抬起大腿，就能有效刺激較難運動的臀部和大腿後側肌肉，消除難瘦脂肪。

🚫 **NG** 大腿向後伸時，
膝蓋務必完全伸直

大腿向後伸展時，膝蓋盡可能不要彎曲。
大腿若無法抬高，請至少讓膝蓋完全打直。

▶ 運動部位：臀大肌、
　大腿後側肌群
▶ 動作難度：初級
▶ 20秒運動次數：各8次

休息
10秒

1 彈力帶套住右腳左腳則踩住尾端

雙手叉腰，雙腳與肩同寬站立，將彈力帶對折套住右腳踝，另一端用左腳踩住固定。

2 右腳向後方抬高

右腳向後方抬高，10秒內重複右腳向後抬高、放下的動作，共做8次。

3 左腳往後方抬高

換將左腳踩套住，右腳踩住彈力帶。10秒內重複左腳向後抬高、放下的動作，共做8次。

5 彈力帶坐姿伸展

緊實臀部&腿部肌肉

從今天開始，準備一條彈力帶，邊看電視邊運動吧！只要坐著伸展，就能輕鬆減去下半身的贅肉。

🚫 **NG** 臀部不可歪斜

單腳抬起時，請保持身體重心，臀部必須完全坐在瑜伽墊上，不可歪斜。

➕
▶ 運動部位：股四頭肌
▶ 動作難度：初級
▶ 20秒運動次數：一組動作約10次

休息
10秒

1 坐姿，將腳踝用彈力帶套住

坐在瑜伽墊上，雙手向後撐地，將彈力帶綁成一個圈後，套住雙腳腳踝。

2 右腳向上抬起

右腳向上抬起後再慢慢放下，放下時不可碰到地面。

3 左腳向上抬起

換左腳向上抬起後再放下，一樣不可碰到地面。接著，重複雙腳抬起、放下的動作。

6 彈力帶仰臥運動
打造纖細的下半身

因為下半身較胖，無法穿緊身褲嗎？只要用力蹬腿拉彈力帶，便能消除下半身的贅肉。一起透過運動，讓身材小一號吧！

▶ 運動部位：股四頭肌、臀大肌
▶ 動作難度：中級
▶ 20秒運動次數：一組動作約15次

1 躺姿，將彈力帶繞過腳底並抓緊

平躺在瑜伽墊上，讓彈力帶繞過腳底，再用雙手拉住彈力帶，肩膀略抬起。

2 拉緊彈力帶，讓膝蓋靠近身體

雙手用力往上拉，將雙腳彎曲90度，頭部則稍離地。

3 雙腳伸直，讓臀部以下離地

拉緊彈力帶，用力將大腿向前伸直，再回到預備姿勢。之後重複腿部彎曲、伸直的動作。

休息10秒

NG 頭部不可抬太高

頭部如果抬太高，頸椎會因過度壓迫而受傷。此外，彈力帶必須與腳底完全貼合。

7 躺姿彈力帶開合

鍛鍊大腿內側肌群

動作時，只要將繞過腳底的彈力帶拉開，肌肉也會同步伸展，可有效鍛鍊大腿內側肌群，消除贅肉。

▶ 運動部位：闊筋膜張肌
▶ 動作難度：高級
▶ 20秒運動次數：一組動作約10～12次

1 躺姿，將彈力帶繞過腳底並抓緊

平躺在瑜伽墊上，讓彈力帶繞過腳底，再用雙手拉住彈力帶。

2 拉緊彈力帶，同時抬高雙腳

將彈力帶拉長，雙腳則抬高呈45度。

3 將雙腳打開成大V字形

再次用力地拉緊彈力帶，並同時將雙腳打開成大V字形。

4 雙腳併攏，回到預備姿勢

將張開的雙腳再度收起，回到預備姿勢。接著，重複雙腳開合的動作。

休息
10秒

8 躺姿彈力帶扭轉

有效消除腿部肥肉

只要躺著扭轉雙腳,並搭配彈力帶,就能有效瘦腿,美化腿部線條,成為美腿達人。

- ▶ 運動部位:內轉肌、闊筋膜張肌
- ▶ 動作難度:中級
- ▶ 20秒運動次數:各5次

1 躺姿,彈力帶套住右腳,再用右手拉住

平躺在墊上,將彈力帶繞過右腳並套住腳底,再用右手拉住另一端。

2 右腳往上抬高

右手用力抓住彈力帶,將右腳往上抬。

休息 10秒

3 將抬高的右腳往左側扭轉

將右腳往身體右側扭轉,盡量伸展大腿肌肉。

4 再將右腳往外側打開

再將右腳往身體外側打開,重複雙腳向上抬高、往內側轉、往外側打開的動作。完成後,再換左腳以相同方式進行。

半身運動

9 側躺髖關節外展

打造迷人翹臀＆美腿

抬腿時，膝蓋要伸直，盡量和身體維持一直線。此外，若將另一隻腳壓在伸直的腿上，可提高強度，效果會更好。

⊘ **NG** 抬腿時，膝蓋不能彎曲

抬起的腿請盡量伸直，和身體維持一直線，膝蓋務必打直。

➕
▶ 運動部位：內轉肌
▶ 動作難度：中級
▶ 20秒運動次數：各10次

1 側躺，左手枕在頭下

側躺在瑜伽墊上，將左手臂墊於頭部下方。

2 右腳踩在左腳上

彎起右腳，踩在左腳的膝蓋上。

休息 10秒

3 將左腳抬起、放下

左腳與踩在上方的右腳一起抬高後再放下。放下時，左腳不可碰到地面。

4 換左腳放在右腳上

換邊側躺，左腳踩在右腳上，再開始抬高及放下。注意放下時，右腳不可碰到地面。

10 側步左右蹲
訓練下半身肌耐力

如果經常感覺下肢無力或痠痛，就表示下半身的訓練不夠，不妨從最簡單的基本動作開始，打造彈性十足的腿部線條吧！

▶ 運動部位：股四頭肌、腓腸肌、大腿後側肌群
▶ 動作難度：中級
▶ 20秒運動次數：各12次

NG 側蹲時，身體不要向前傾

蹲下時，腰部不可過度向前彎，請抬頭挺胸。大腿彎曲時，膝蓋內側的角度請呈90度。

90°　　　90°

休息
10秒

1 站姿，雙手叉腰

抬頭挺胸，雙腳打開至與肩同寬。

2 身體向下蹲，右腳伸直

壓低臀部，將左膝向下彎呈90度，右腳則向側邊伸直。

3 身體向下蹲，換左腳伸直

換將右膝向下彎90度，左腳伸直。再重複蹲坐、腳部向外伸直的動作。

鍛鍊臀部的運動

STEP 3

隨著年齡的增長，臀部會逐漸失去彈性，必須即早鍛鍊，才能擁有美麗的臀線。每天認真做，一定會看見成效。亦可邀請親朋好友共同參與，一起享受快樂的運動時光吧！

輕鬆打造
緊實臀線！

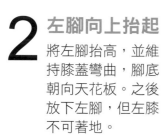

1 彈力帶跪姿伸展

強化臀大肌＆大腿肌群

抬腿時，只要將膝蓋保持在90度，就能有效緊實臀部和大腿肌肉，維持彈性。

▶ 運動部位：臀大肌、大腿後側肌群
▶ 動作難度：中級
▶ 20秒運動次數：各8次

1 將彈力帶繞過左腳底，用右膝壓住另一端

跪在墊上，將彈力帶繞過左腳底，並用右腳的膝蓋壓住彈力帶固定。

2 左腳向上抬起

將左腳抬高，並維持膝蓋彎曲，腳底朝向天花板。之後放下左腳，但左膝不可著地。

3 換將右腳向上抬起、放下

換將彈力帶套住右腳，左膝壓住另一端，重複右腳抬高、放下的動作。

休息
10秒

2 啞鈴髖關節外展

美化腰線 & 大腿曲線

側躺並利用啞鈴增加腿部重量，可刺激臀部和大腿的肌肉，打造美麗的身體側面線條。

▶ 運動部位：股四頭肌、闊筋膜張肌
▶ 動作難度：中級
▶ 20秒運動次數：各8～10次

1 側躺，右手握住啞鈴

側躺在瑜伽墊上，膝蓋微彎，右手握住啞鈴並放在大腿上，左手枕於頭下。

2 右腳向上抬高

右腳往上抬高，同時頭部也要抬起。

3 重複將右腳向上抬起、放下

將抬起的右腳放下，但不能碰到左腳。

4 換邊側躺，抬起左腳及頭部

換左手握住啞鈴，並放在大腿上，再將左腳抬起、放下。

休息
10秒

Ⓞ NG 動作時，大腿請勿放鬆

抬腿時，保持大腿繃緊感不放鬆，持續讓臀部側邊的肌肉緊縮。

3 站姿屈膝伸展

伸展 & 美化雙腿曲線

運動過程中，若感覺某個部位特別辛苦，就表示該部位缺乏訓練；可藉由此動作發現欠缺訓練的肌肉，並給予適當的刺激。

PLUS 臀部抬高，腰背才能挺直

如果想讓腰背完全打直，必須依靠臀部的力量，而不是腿部。

▶ 運動部位：
豎脊肌、臀大肌、大腿後側肌群
▶ 動作難度：初級
▶ 20秒運動次數：各8～10次

休息10秒

1 雙手向前伸直，並抬起右腳

抬高右腳，讓膝蓋呈90度彎曲，使用單腳站立。

2 右腳向後伸直

雙手往前使身體前傾，同時將右腳向後伸直，再回到預備姿勢。重複右腳彎曲、向後伸直的動作。

3 換抬起左腳，以右腳站立

換用右腳站立，左腳向後抬高，之後重複左腳彎曲、向後伸直的動作。

4 彈力帶臀部外展

緊實大腿＆臀部外側肌肉

動作時，建議站在鏡子前邊做邊看，以確認姿勢是否正確。若感覺臀部肌肉有被拉緊，就表示姿勢正確，已達到運動效果。

NG 身體的重心不可歪斜

側抬腿時，腹部要用力，以固定骨盆，讓上半身不會往側邊傾斜。

▶ 運動部位：闊筋膜張肌
▶ 動作難度：中級
▶ 20秒運動次數：各8～10次

休息 10秒

1 站姿，彈力帶套住左腳並踩住

用彈力帶將左腳套住，右手握住另一端，並往上拉至臀部的高度，左手放在骨盆的位置。

2 拉緊彈力帶時，將左腳抬起

腹部與左大腿用力後，抓緊彈力帶，並將左腳往側邊抬高。再重複抬高、放下的動作，放下時，左腳不可碰地。

3 右腳向外側抬起

換右腳向側邊抬高，左手抓緊彈力帶。之後重複抬高、放下的動作。

臀部運動

5 躺姿屈膝抬腿
強化臀部線條

單腳屈膝固定再抬高腳，還要保持身體的平衡，相當費力。但正因如此，對臀部肌肉的刺激效果非常好，請一定要試試！

▶ 運動部位：臀大肌
▶ 動作難度：中級
▶ 20秒運動次數：各維持10秒

1 屈膝躺姿

躺在瑜伽墊上，雙腳屈膝90度，雙手放在身體兩側，手掌貼地。

2 將臀部抬高，左腳伸直

將臀部與左腳一起抬高，注意膝蓋須伸直且與臀部成一直線。

3 換將右腳抬高伸直

回到預備姿勢，再次抬高臀部，換右腳伸直抬起。

休息10秒

⊕ PLUS 抬腳畫圓，可增加運動強度

雖然維持正確姿勢很重要，但請量力而為，不要勉強；若想提高運動強度，可在抬腳時，做單腳畫圓的動作，效果更好。

6 趴姿髖關節伸展

打造迷人下半身

若想要擁有迷人的背影及美腿,一定要鍛鍊大腿後方的肌肉。每天認真運動,就能擁有充滿彈力的臀部線條與平滑緊實的雙腿。

▶ 運動部位:臀大肌、豎脊肌、大腿後側肌群
▶ 動作難度:初級
▶ 20秒運動次數:維持10秒

1 呈四足跪姿

雙手撐地,跪在瑜伽墊上,膝蓋彎曲90度。

2 將右腳向後伸直抬高

利用臀部的力量,將右腳抬高伸直,維持10秒。

3 換左腳向後伸直抬高

回到跪姿,換將左腳連同臀部抬高伸直,也維持10秒。

休息
10秒

⊕ PLUS 依體能調整姿勢

在腰部不會過於勉強的狀態下,盡量讓身體與地板維持平行;若想提高強度,抬腿時可同時將另一隻手舉起離地。

7 跪姿手腳屈伸

預防臀部下垂鬆弛

如果想讓臀部變小，必須刺激包覆臀部的肌肉群，才能打造緊實的線條。只要每天做，便可預防臀部鬆弛，效果非常好。

▶ 運動部位：
臀大肌、豎脊肌、
大腿後側肌群、三角肌
▶ 動作難度：中級
▶ 20秒運動次數：各10次

1 呈四足跪姿

雙手撐地跪在瑜伽墊上，膝蓋彎曲90度。

2 抬高右手與左腳

右手向前伸直平舉，同時，將左腳向後伸直抬高。

3 收回右手與左腳

右手握拳，往身體內側收回，同時收回左腳，但左膝不碰地。再重複右手與左腳伸直、收回的動作。

4 抬高左手與右腳

換將左手向前伸直平舉，右腳則向後伸直抬高。之後重複伸直、收回的動作。

休息
10秒

⊘ NG
注意身體不要傾斜

抬起手腳時，身體須與地板維持平行，不能往外側傾斜。

8 躺姿抬臀運動

矯正骨盆&脊椎

此動作可以矯正臀部和脊椎，也能促進腸胃蠕動。若容易腸胃不適的人，不妨常做這個動作，具有良好的改善效果。

▶ 運動部位：臀大肌
▶ 動作難度：初級
▶ 20秒運動次數：維持20秒

1 躺姿，雙腳屈膝

躺在瑜伽墊上，雙腳屈膝90度，掌心貼地並放在身體兩側。

2 用力抬高臀部

腹部用力，將臀部抬高，腰部務必打直，維持20秒。

休息10秒

⊕ **PLUS** 施力點請放在「腹部」

注意，動作時，請勿施力於大腿或雙手，而是運用腹部的力量，才能達到良好的運動效果。

9 啞鈴深蹲運動

緊實臀部肌群

深蹲不是單純的起立、坐下，而是將臀部稍微往後翹，像坐在椅子上的感覺。若臀部沒有往後翹，會造成腰部負擔，效果也會變差。

NG 蹲坐時，膝蓋不可超過腳尖

深蹲的重點是腰部打直、臀部微翹，並注意膝蓋的角度，不能超過腳尖。

▶ 運動部位：
　臀大肌、股四頭肌
▶ 動作難度：中級
▶ 20秒運動次數：20次

休息
10秒

1 站姿，雙手握住啞鈴

雙腳打開至與肩同寬，雙手握住啞鈴，平舉至胸前。

2 蹲坐，雙手向前伸直

雙手向前伸直，握緊啞鈴，同時膝蓋微彎蹲坐。

3 起身，回到預備姿勢

雙手收回並起身站直。之後重複蹲坐、起身的動作。

強化腹部、背部的運動

STEP 4

　　鮪魚肚、凸小腹，幾乎是每個人都會碰到的問題。隨著年齡增長，基礎代謝率下降，腹部變得更容易堆積脂肪；若想找回緊實、扁平的腹部，「運動」是唯一的解決方法。千萬不要覺得困難，只要正確運用「間歇訓練」，就能刺激腹部，緊實鬆垮的贅肉，重拾完美曲線。

有效消除
惱人的
鮪魚肚！

1 上半身撐體運動

快速消除腹部脂肪

利用全身的力量，繃緊腹部肌肉，便能消除腹部脂肪。可選擇快速重複的撐體動作，或撐體20秒，皆可有效強化腹肌線條。

▶ 運動部位：外＆內腹斜肌、腹橫肌、腹直肌
▶ 動作難度：中級
▶ 20秒運動次數：維持20秒

1 趴姿，四肢平放

臉部朝下，趴在瑜伽墊上。

2 手掌貼地，腳尖撐起

手掌與下手臂完全貼地，雙腳腳尖則撐地，頭部微微抬起。

3 將身體微微撐起後停留

利用手臂與腳尖的力量將身體撐起，讓頭部到腳尖呈一直線。

休息
10秒

NG 上半身不可抬太高

動作時，從頭部到雙腳，都要維持一直線。

2 彈力帶仰臥起坐

打造巧克力腹肌

只要搭配彈力帶做仰臥起坐，施加在腹部的力量便會提高兩倍，運動效果可延伸至深層的腹部肌肉。

- ▶ 運動部位：腹直肌
- ▶ 動作難度：中級
- ▶ 20秒運動次數：一組動作約15次

1 躺姿，將彈力帶壓在背後

膝蓋微彎，躺在瑜伽墊上，將彈力帶壓在背後，雙手則拉住彈力帶的兩端。

2 雙手拉高至胸部

將彈力帶拉高至胸部的位置，使手臂呈90度彎曲。

3 抬起上半身

用雙手將彈力帶向上拉起，同時抬高上半身，之後再慢慢往後躺。躺下時，背部不能碰到地板。

休息
10秒

🚫 NG 請用腹部的力量抬起身體

請腹部用力後起身，而不是用頭部的力量抬高身體。因此，千萬不可過度抬頭。

腹部、背部運動

3 彈力帶雙腳上抬

消除鮪魚肚＆緊實腹部

「抬腿」能有效刺激鬆垮的贅肉，使腹部更緊實。只要搭配彈力帶抬腿，就能提高運動效果，有效鍛鍊腹肌。

> ▶ 運動部位：腹直肌
> ▶ 動作難度：中級
> ▶ 20秒運動次數：一組動作約12次

1 **躺姿，將彈力帶繞過腳底，兩端壓在頭下**

將彈力帶繞過雙腳腳底，再用手拉住兩端，繞過肩膀後，壓在頭部下方。

2 **慢慢抬高雙腳**

慢慢將雙腳抬起，雙手拉緊彈力帶，視線看向上方。

3 **雙腳往前伸直後放下**

施力於腹部後，再將雙腳慢慢放下，但不能碰到地面。

休息
10秒

🚫 **NG** 膝蓋不能彎曲

雙腳向前伸直時，請善用腹部的力量，將膝蓋打直、不彎曲。

4 躺姿單腳屈膝

強化腹部肌肉的力量

半起身做抬腳運動，相當費力，請試著在此狀態下，將抬起的腿往身體內側收起，增加腹部肌肉的收縮壓力。

▶ 運動部位：
外斜肌、內斜肌、
腹橫肌、腹直肌
▶ 動作難度：初級
▶ 20秒運動次數：各8次

1 躺姿，用手肘撐起上半身

雙腳併攏，躺在瑜伽墊上，上半身用手肘半撐起。

2 右腳彎曲，往身體內側靠攏後再伸直

彎曲右腳，盡量將右大腿往胸部拉近後伸直；伸直時，右腳不可碰地。

3 換左腳彎曲後再伸直

換將左腳彎曲，並往胸部方向拉近後再伸直，一樣不可碰地。

休息
10秒

NG 請坐在瑜伽墊上伸展

此動作以「尾椎」為支撐點做伸展，因此，動作時請坐在瑜伽墊上，可緩衝尾骨壓力，避免疼痛。

腹部、背部運動

5 趴姿俯臥伸展

緊實背部及臀部肌群

反向的背部伸展，除了可刺激腰部，也能緊縮腹部，更能讓臀部變緊實，是一個可以全方位鍛鍊身體的高效能動作。

▶ 運動部位：豎脊肌、臀大肌
▶ 動作難度：中級
▶ 20秒運動次數：一組動作約15次

1 趴姿，臉部朝下不碰地

趴在瑜伽墊上，四肢自然擺放。

2 雙手彎曲，臉部稍微抬起

微微抬頭，將雙手彎曲成L字型，平放在臉頰兩側。

3 將上半身抬起

運用腹部的力量抬起上半身，放下時不碰到地面。

休息10秒

NG 頭部不要過度向後仰

請確實用腹部的力量撐起上半身，若無法抬高，也不要勉強抬起頭部，以免壓迫頸椎。

6 啞鈴仰臥起坐

打造王字肌&人魚線

利用啞鈴增加起身時的強度，能有效鍛鍊腹部肌肉。只要反覆做這個動作，便能強化腰部肌肉，打造完美曲線。

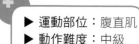

▶ 運動部位：腹直肌
▶ 動作難度：中級
▶ 20秒運動次數：
　一組動作約15次

1 躺姿，雙手握住啞鈴

平躺在墊上，膝蓋彎曲90度，雙手握緊啞鈴，放在臀部兩側。

2 將啞鈴往上平舉

緊握啞鈴並向上抬起，但上手臂要緊貼瑜伽墊。

3 起身，雙手向前舉高伸直

起身，讓身體呈45度角，同時將握緊啞鈴的雙手伸直。

4 慢慢往後躺，將雙手收回

收回啞鈴，同時慢慢放下上半身。手臂須維持90度彎曲；後躺時，頭部不能碰地。

休息
10秒

🚫 NG 請勿過度抬高頭部

請用腹部的力量起身，而不是頭部，如果頭部抬太高，反而會造成頸椎受傷。

＋腹部、背部運動

7 躺姿扭腰運動

塑造性感的腰腹線條

動作速度不用快,重點是將身體大幅度扭轉。動作必須夠大,才能有效收縮腹部兩側的肌肉,使線條更緊實,達到雕塑效果。

＋
▶ 運動部位:腹直肌、腹橫肌、外＆內腹斜肌
▶ 動作難度:高級
▶ 20秒運動次數:一組動作約8～10次

1 躺姿,雙手平放兩側

躺在瑜伽墊上,將雙手往身體兩側張開成一直線。

2 雙腳往上抬

將雙腳向上抬高,讓上半身與雙腳呈90度直角。

3 雙腳往左側彎

連同臀部,將雙腳伸直往左側扭轉,直到腳尖快碰到地面為止。

4 雙腳往右側彎

雙腳回到正中間,再往右側扭轉,直到腳尖快碰到地面為止。

休息10秒

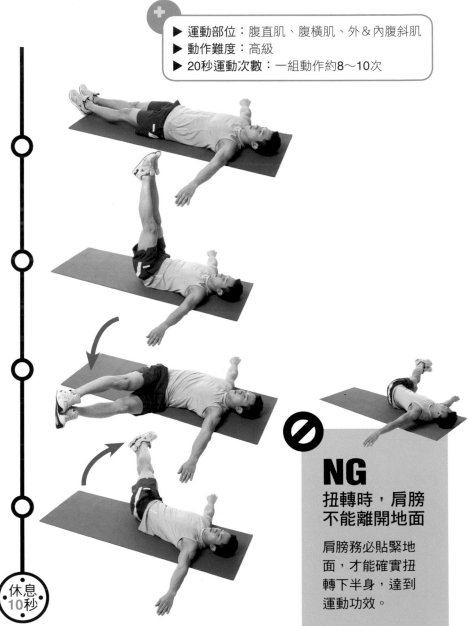

🚫 **NG**

扭轉時,肩膀不能離開地面

肩膀務必貼緊地面,才能確實扭轉下半身,達到運動功效。

8 啞鈴屈膝左右扭轉

緊實腹肌&手臂線條

動作時要邊調整呼吸，邊用力向左右扭轉。雖然同時做仰臥起坐及扭轉非常辛苦，卻是擁有11字腹肌的不二法門，效果極佳！

- ▶ 運動部位：腹直肌、腹橫肌、外&內腹斜肌
- ▶ 動作難度：高級
- ▶ 20秒運動次數：一組動作約10次

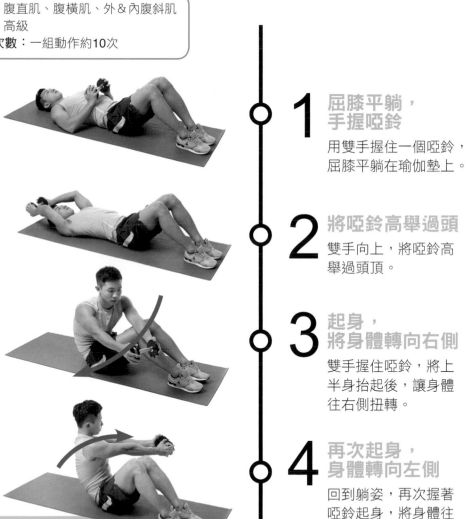

1 屈膝平躺，手握啞鈴

用雙手握住一個啞鈴，屈膝平躺在瑜伽墊上。

2 將啞鈴高舉過頭

雙手向上，將啞鈴高舉過頭頂。

3 起身，將身體轉向右側

雙手握住啞鈴，將上半身抬起後，讓身體往右側扭轉。

4 再次起身，身體轉向左側

回到躺姿，再次握著啞鈴起身，將身體往左側扭轉。

休息
10秒

🚫 NG 請勿只轉動手臂

扭轉時，要確實轉動整個上半身，而不是單獨轉手臂。

9 V字摸腳趾

打造彈力腹肌＆緊實體側

配合手腳的移動，能有效收縮腹部肌肉，達到緊實效果。雖然抬腳時可能會有點抖，但越是這樣，代表肌肉的緊實效果越好。

> **+**
> ▶ 運動部位：腹直肌、腹橫肌、外＆內腹斜肌
> ▶ 動作難度：中級
> ▶ 20秒運動次數：一組動作約12次

1 躺姿，
左手伸直

躺在瑜伽墊上，左手伸直，高舉過頭，右手平放在體側。

2 抬起左手碰
右腳

同時抬起左手和右腳，盡量讓手指碰到腳尖。

3 放下左手及
右腳

再將手腳同時放下，但頭部不可碰地。

4 抬起右手碰
左腳

換抬起右手跟左腳，讓手指碰到腳尖。

休息
10秒

🚫

NG
動作時，
頭部不可碰地

注意，頭部不可碰地，請利用腹部的力量撐住身體，快速交換手腳。

10 變形超人飛

矯正背部肌肉及位置

只是趴著擺動手腳,也能達到運動效果。這個動作能矯正脊椎四周的肌肉位置,打造迷人的背影,緊實背部線條。

▶ 運動部位:豎脊肌、臀大肌、三角肌
▶ 動作難度:高級
▶ 20秒運動次數:一組動作約12次

1 趴姿,雙手伸直

趴在瑜伽墊上,雙手向前伸直,使身體成一直線。

2 抬高右手與左腳

頭微微抬起,同時抬高右手及左腳。

3 手腳交叉擺動

手腳交替擺動,像打水一樣進行。注意,將手腳放下時,皆不能碰到地面。

休息
10秒

NG 身體的重心不可歪斜

擺動手腳時,身體不可向外側傾斜。

○　　　×

Part

10

如何打造專屬的
間歇訓練，
成功瘦更快、更健康？

　　好的開始是成功的一半，如果已經熟悉並了
解前面各章節的每個動作，現在就可開始設計專屬
自己的間歇訓練。本章整理書中介紹的所有動作，
依難度分類，並標出頁數，讀者可以針對需要改善
的部位，配合體能與強度，選擇適合的動作組合。

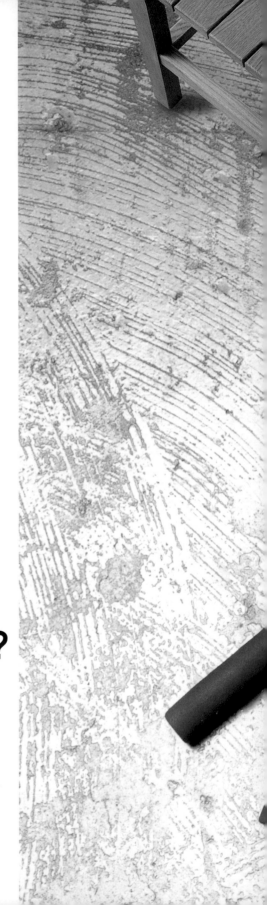

Intermittent

❶ 給初學者的**基礎徒手運動**

　　不須使用道具的徒手運動，屬於基礎動作，只要不斷重複，即可充分鍛鍊肌群，非常適合初學者。動作雖然簡單，卻不能因此就草率完成、敷衍了事，認真做才能達到最佳的運動效果。

基礎動作

01 撐地前後跨步 P74
（心肺耐力、下半身肌耐力訓練）

02 雙手交叉深蹲 P76
（下半身肌耐力訓練）

03 單手伏地挺身 P78
（上半身肌耐力訓練）

04 屈膝仰臥起坐 P80
（腹肌耐力訓練）

05 弓箭步跳躍 P82
（心肺耐力、下半身肌耐力訓練）

06 雙臂向上深蹲 P84
（下半身肌耐力、
上半身肌耐力訓練）

07 雙臂伸直平舉 P86
（上半身肌耐力訓練）

08 超人起飛運動 P88
（背肌耐力訓練）

09 開合跳運動 P90
（心肺耐力訓練）

10 交叉弓箭步 P92
（下半身肌耐力訓練）

11 雙臂側平舉 P94
（上半身肌耐力訓練）

12 平躺抬腿運動 P95
（腹肌耐力訓練）

❷ 給運動好手的**中級彈力帶運動**

　　經過基礎訓練的熱身後，現在讓我們進入負荷更大的運動吧！如果想稍微提高運動強度，「彈力帶」是不錯的輔助器材。彈力帶因具有彈性，可將運動效果集中在特定部位，達到刺激局部肌肉的效果。請記得依照個人體能，調整彈力帶的彈性與運動強度，不可太勉強。

彈力帶動作

01 雙腳交叉跳躍 P100
（心肺耐力、下半身肌耐力訓練）

02 手握彈力帶深蹲 P101
（下半身肌耐力訓練）

03 單臂屈體划船 P102
（上半身肌耐力訓練）

04 平躺抬雙腳 P104
（腹部肌耐力訓練）

05 雙手向上蹲跳 P106
（心肺耐力、下半身肌耐力訓練）

06 單腿屈伸站立 P108
（下半身肌耐力訓練）

07 跪姿伏地挺身 P109
（上半身肌耐力訓練）

08 趴姿背部伸展 P110
（背肌耐力訓練）

09 立定跳高運動
（心肺耐力、下半身肌耐力訓練）P111

10 站姿髖關節伸展
（下半身肌耐力訓練）P112

11 雙臂向上推舉
（上半身肌耐力訓練）P114

12 彈力帶趴姿伸展
（背肌耐力訓練）P116

❸ 給運動老手的高級啞鈴運動

　　熟悉彈力帶後，接下來挑戰更高強度的啞鈴吧！啞鈴和彈力帶相同，能增加特定部位的負荷，獲得良好的運動效果，如增加身體平衡感、改善下半身肥胖等。啞鈴可變化出許多動作，請試著設計符合自我體能的訓練，達到最好的運動效果。

啞鈴動作

01 平舉啞鈴跨步 P122
（心肺耐力、下半身肌耐力訓練）

02 啞鈴向上推舉 P124
（下半身肌耐力訓練）

03 啞鈴肩上推舉 P126
（上半身肌耐力訓練）

04 啞鈴抬腿運動 P128
（腹肌耐力訓練）

05 啞鈴側併步 P130
（心肺耐力、
下半身肌耐力訓練）

06 啞鈴蹲舉運動 P132
（下半身肌耐力、
上半身肌耐力訓練）

07 前彎側平舉 P134
（上半身肌耐力訓練）

08 屈膝左右扭轉 P136
（腹肌耐力訓練）

09 雙手向上抬腿 P138
（心肺耐力、
下半身肌耐力訓練）

10 弓箭步側旋轉 P140
（下半身肌耐力訓練）

11 啞鈴雙手划船 P142
（上半身肌耐力訓練）

12 肩關節寫字運動 P144
（背肌耐力訓練）

❹ 如何混合徒手、彈力帶、啞鈴，設計適合的動作？

如果覺得做單一類別的運動太無聊，不妨試試「混合性間歇訓練」吧！混合性間歇訓練的最大原則是「遵守各部位的運動順序」，**依照心肺耐力、下半身肌耐力、上半身肌耐力、腹肌耐力、背肌耐力等順序進行。**

讀者可依上述訓練部位，參考下列整理表格，選擇適合體能的12個動作，組合成一套間歇訓練，以「一個動作20秒，休息10秒」的方式進行。唯有遵守運動順序，才能符合每項運動的目標心跳數與休息時間。

❺ 專為久坐族設計！
在辦公室也能做的**椅子運動**

對必須在辦公室坐一整天的上班族而言，運動彷彿是天方夜譚。不過，只要準備一張椅子及彈力帶，不限時間及場地，就算在狹窄的辦公室或座位上，也能輕鬆運動，伸展僵硬的身體，一舉數得。

椅子動作

01 椅子伏地挺身
（手臂前側、胸部運動） P150

07 彈力帶肩部伸展
（肩膀運動） P157

02 椅上撐體屈伸 P151
（手臂後側運動）

08 坐姿側邊伸展
（腰側運動） P158

03 坐姿屈膝橋式
（大腿前側運動）
P152

09 彈力帶擴胸運動
（胸部、背部運動） P160

04 雙手撐椅抬臀 P153
（臀部運動）

10 彈力帶屈腿運動 P162
（大腿前側運動）

05 單腳伸展運動 P154
（大腿前側運動）

11 坐姿髖關節外展 P163
（大腿外側運動）

06 彈力帶頸部伸展
（頸部運動）
P156

12 坐姿大腿外展
（大腿內側運動） P164

❻ 大量燃燒脂肪的球&跳繩運動

誰說運動一定要購買昂貴的健身器材呢？使用家中常見的跳繩與籃球，也能輕鬆提高運動強度。下列介紹的跳繩和球類動作，可均衡鍛鍊全身肌肉，並提升心肺功能。動作時，請務必確認器材的使用方法，或詢問專業的運動教練，避免影響運動成效。

球&跳繩動作

01 持球跨步運動
（下半身肌耐力訓練）
P170

02 持球平躺扭轉
（上半身肌耐力訓練）
P171

03 持球屈膝仰臥起坐
（腹肌耐力訓練）
P172

04 持球蹲坐旋轉
（下半身肌耐力訓練）
P174

05 持球弓箭步
（背肌耐力訓練）
P175

06 躺姿夾球扭轉
（腹肌耐力訓練）
P176

07 趴姿腿部夾球
（下半身肌耐力訓練）
P177

08 持球三頭肌伸展
（上半身肌耐力訓練）
P178

09 持球趴姿背部伸展
（上半身肌耐力訓練）
P179

PLUS
P180

跳繩運動

可用原地跳躍
代替跳繩

237

❼ 練出最想要的肌肉！最有效的**局部雕塑動作**

　　想讓局部的線條更美麗嗎？羨慕明星們凹凸有致的身材嗎？其實，完美的身材曲線來自運動，請先確認自己的身體，重新打造肌肉吧！並配合彈力帶、啞鈴等工具，便能有效維持肌肉的彈性與緊實度，效果更好。

上半身運動

　　身材無法襯托漂亮的首飾與服裝嗎？沒錯，你必須先有美麗的線條，才能讓珠寶更加亮眼。為了完美的身材，請好好努力吧！

01 屈膝伏地挺身
（手臂運動）　　　　P187

02 彈力帶側平舉
（肩膀運動）　　　　P188

03 彈力帶肩上拉舉
（手臂前側、肩膀運動）　　P189

04 彈力帶握拳上舉
（手臂前側、肩膀運動）　　P190

05 彈力帶上臂彎舉
（手臂前側運動）　　P191

06 彈力帶三頭肌伸展
（手臂後側運動）　　P192

07 啞鈴前平舉
（手臂前側、肩膀運動）　　P193

08 啞鈴三頭肌伸展
（手臂後側運動）　　P194

09 啞鈴手腕運動
（手臂前側運動）　　P195

10 躺姿啞鈴手臂上拉
（肩膀、胸部運動）　　P196

11 躺姿胸部伸展
（肩膀、胸部運動）　　P197

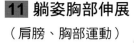

下半身運動

　　想穿迷你裙、緊身褲等貼身服飾，展現自己的完美曲線嗎？希望下半身更緊實嗎？只要每天做下半身運動，就能確實鍛鍊大腿及臀部的肌肉，穿上小一號的衣服。

01 高舉雙手跳躍　P199
（大腿前側運動）

02 彈力帶髖關節外展
（大腿外側運動）　P200

03 彈力帶交叉伸展
（大腿內側運動）　P201

04 彈力帶腿部伸展
（大腿後側、臀部運動）　P202

05 彈力帶坐姿伸展
（大腿前側運動）　P203

06 彈力帶仰臥運動　P204
（大腿前側運動）

07 躺姿彈力帶開合　P205
（大腿外側運動）

08 躺姿彈力帶扭轉　P206
（大腿內側運動）

09 側躺髖關節外展　P207
（大腿內側運動）

10 側步左右蹲
（大腿運動）　P208

臀部運動

　　臀部一旦變大，體態就會顯老，如果希望雙腿看起來修長，也需要擁有充滿彈性的臀部，才能打造迷人的下半身曲線。現在就開始做臀部運動，讓曲線更完美吧！

01 彈力帶跪姿伸展

（上臀部運動）

02 啞鈴髖關節外展

（臀部外側運動）

03 站姿屈膝伸展

（臀部下側運動）

04 彈力帶臀部外展

（臀部外側運動）

05 躺姿屈膝抬腿

（下臀部運動）

06 趴姿髖關節伸展

（下臀部運動）

07 跪姿手腳屈伸

（下臀部運動）

08 躺姿抬臀運動

（下臀部運動）

09 啞鈴深蹲運動

（臀部運動）

腹部、背部運動

　　腹部是最容易堆積脂肪的部位；此外，背部一旦變厚實，更容易顯現年紀，如果不希望自己總是以寬鬆衣物遮掩身材，請從現在開始運動，鍛鍊身體曲線，重拾信心。

01 上半身撐體運動

（背部運動）

02 彈力帶仰臥起坐

（上腹部運動）

03 彈力帶雙腳上抬

（下腹部運動）

04 躺姿單腳屈膝

（腹部運動）

05 趴姿俯臥伸展

（背部運動）

06 啞鈴仰臥起坐

（上腹部運動）

07 躺姿扭腰運動

（下腹部、腰側運動）

08 啞鈴屈膝左右扭轉

（腰側運動）

09 V字摸腳趾

（腹部運動）

10 變形超人飛

（腹部運動）

⑧ 有效練出王字肌、人魚線、蜜桃臀的 混合間歇訓練

下表是依「鍛鍊部位」所整理出的混合訓練，大家可以根據自己的需求，選出12個動作，同樣以「一個動作做20秒，休息10秒」的循環，做滿6分鐘，就是一套完整的間歇訓練。

部位	肩膀、胸部、手臂	腹部、背部	臀部	腿部
1	P187 屈膝伏地挺身	P220 上半身撐體運動	P210 彈力帶跪姿伸展	P199 高舉雙手跳躍
2	P188 彈力帶側平舉	P221 彈力帶仰臥起坐	P211 啞鈴髖關節外展	P200 彈力帶髖關節外展
3	P189 彈力帶肩上拉舉	P222 彈力帶雙腳上抬	P212 站姿屈膝伸展	P201 彈力帶交叉伸展
4	P190 彈力帶握拳上舉	P223 躺姿單腳屈膝	P213 彈力帶臀部外展	P202 彈力帶腿部伸展
5	P191 彈力帶上臂彎舉	P224 趴姿俯臥伸展	P214 躺姿屈膝抬腿	P203 彈力帶坐姿伸展

6	P192 彈力帶 三頭肌伸展	P225 啞鈴仰臥起坐	P215 趴姿髖關節伸展	P204 彈力帶仰臥運動
7	P193 啞鈴前平舉	P226 躺姿扭腰運動	P216 跪姿手腳屈伸	P205 躺姿彈力帶開合
8	P194 啞鈴 三頭肌伸展	P227 啞鈴屈膝左右扭轉	P217 躺姿抬臀運動	P206 躺姿彈力帶扭轉
9	P195 啞鈴 手腕運動	P228 V字摸腳趾	P218 啞鈴 深蹲運動	P207 側躺髖關節外展
10	P196 躺姿啞鈴手臂上拉	P229 變形超人飛		P208 側步左右蹲
11	P197 躺姿胸部伸展			

運動後，
用「按摩」放鬆痠痛的肌肉吧！

Massage

做完間歇訓練後，是不是覺得身體有些痠痛呢？這是因為肌肉中的乳酸堆積，所造成的不適。因此建議各位，運動後可以適當按摩，紓緩肌肉。但可不是隨便拍打、揉捏幾下，**必須順著肌肉的形狀與紋理，施以適當的力道按壓**，才能有效地緩解疲勞，維持肌肉的健康。

進行按摩時，被按摩者請依說明呈趴姿或躺姿；施力者則依步驟開始按摩。另外，運動前也可按摩，能幫助肌肉在運動時更容易放鬆，避免受傷。

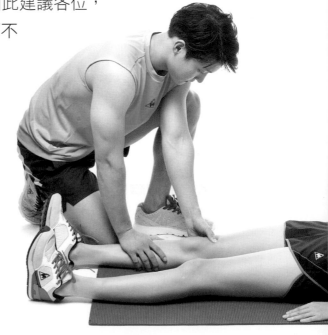

1 讓頭腦清醒的頸部按摩

可促進頭部的血液循環，紓緩因疲勞而僵硬的頸部肌肉。只要頸部放鬆，也能釋放眼睛的壓力。

❶ 被按摩者請將頭部倒向左側。
❷ 施力者請用手指輕柔按壓對方後頸。

 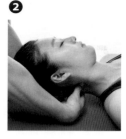

2 紓緩肩頸僵硬的肩膀按摩

如果常因打電腦或做家事而導致肩膀僵硬，非常適合做這個按摩，除了讓僵硬的肌肉放鬆，還能使肩膀的動作更靈活。

❶ 施力者請用大拇指從正面按摩三角肌，並沿著手臂往下按壓。
❷ 兩隻手臂都按摩完後，被按摩者請改為趴姿。
❸ 施力者請雙手握拳，用手指關節按壓對方肩膀後側，沿著肩膀往手臂的方向慢慢按摩。

3 消除背部疲勞的腋下按摩

「腋下肌肉」位於肩膀的起點和背部的終點，按摩此處可讓肩膀的動作更流暢，也能有效紓緩肩膀與背部的疲勞。

❶ 施力者請用大拇指按住對方腋下後方，其餘四指按壓腋下前方。
❷ 所有手指同時按壓腋窩，前後重複按摩。

4 美化背部曲線的肩胛骨按摩

這套按摩法能放鬆肩胛骨周圍的肌肉，活絡肩膀與背部的血液循環，讓肌肉更舒服。

❶ 施力者的左手虎口抵住對方肩胛骨下方。
❷ 右手抓住肩膀正面固定。
❸ 左手順著肩胛骨移動按摩，右手則固定肩膀。

5 預防骨盆歪斜的**背部&脊椎按摩**

只要鬆開脊椎的肌肉，便能放鬆背部，讓姿勢更端正。

❶ 施力者的左手放在被按摩者的右肩上。
❷ 施力者請右手握拳，按摩對方脊椎旁的肌肉，由上往下，
　慢慢往腰部的位置移動。

---

6 減緩久坐不適的**腰部按摩**

久站或久坐皆容易造成身體疲勞，只要給予適當按摩，就能
排解不適。此外，使用「手肘」會比單用手指按摩更省力。

❶ 施力者請輕握被按摩者的右手臂。
❷ 用左手肘按摩腰部脊椎旁的肌肉。

---

7 放鬆腹部肌肉的**腹部按摩**

這是能消除腹部緊張的按摩法。在運動前
按壓，可預防運動後的肌肉緊縮、抽筋。

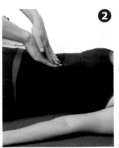

❶ 施力者雙手交疊，置於對方的腹部上。
❷ 利用手掌和手指，從腹部下方慢慢往
　上按壓。

---

8 放鬆僵硬關節的**大腿上側按摩**

只要按摩大腿上側的股四頭肌，便能放鬆肌肉，讓關節靈
活，更容易活動。

❶ 被按摩者請呈躺姿。
❷ 施力者請用左手輕握對方骨盆，再以右手拇指按摩大腿上
　方的肌肉。

---

9 消除腿部痠痛的**大腿下側按摩**

經常走太多路或跑步，導致雙腳痠痛不已嗎？只要按摩股四頭肌群的下方，當膝蓋彎曲或伸展時，便能感覺更舒服。

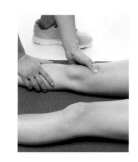

❶ 被按摩者請呈躺姿。
❷ 施力者請用大拇指按壓對方膝蓋（膝蓋骨）正上方，像要把骨頭往上推似的按摩。

10 鬆開糾結肌肉的**大腿後側按摩**

均勻地按摩大腿後側肌群，可放鬆因運動而糾結在一起的肌肉。若在運動前按摩，也能預防肌肉因過度緊繃而造成不適。

❶ 被按摩者請呈趴姿。
❷ 施力者請用手肘和手臂下方，由下往上，按摩對方大腿後側肌肉。

11 讓身體更輕盈的**小腿正面按摩**

只要紓緩小腿肌肉，就能有效消除水腫，減輕身體負擔，放鬆全身。

❶ 被按摩者請呈躺姿。
❷ 施力者請用大拇指按壓對方小腿的肌肉，由下往上，雙手邊按壓邊往上推。

12 預防蘿蔔腿的**小腿肚按摩**

這套按摩法可預防小腿後側肌肉糾結，避免形成結實的小腿肚。只要經常按摩小腿肚，就能柔軟雙腿肌肉，走路時也會更輕盈。

❶ 被按摩者請呈趴姿。
❷ 施力者請用雙手大拇指，按壓對方小腿肚的正中央，一邊按壓，一邊向上推。

關於間歇訓練的 Q&A

Q 一天要做幾次「間歇訓練」呢？

A 建議一天一次，一次6分鐘，每週做三次即可。

根據一般正常人的平均體能狀態，建議一天一次，一星期共做三次即可。不過，必須依照體能和運動目地調整強度與次數。請參考Part3的內容，確認身體狀況後再設定強度，千萬不可過度勉強。

Q 做「間歇訓練」時，要注意哪些重點？

A 請一定要符合個人身體狀況，設定運動強度。

運動時，請配合體能，注意姿勢的正確性，勿任意更換動作順序，造成運動傷害。

Q 因工作或上課，必須長時間久坐的上班族及學生，有時間做間歇訓練嗎？

A 當然有，書中有許多專為久坐族設計的動作。

Part7的椅子動作即是專門為上班族及學生設計，只要在休息時利用椅子，花費6分鐘即可，快速且不浪費時間，讓你隨時隨地都能運動。

Q 「間歇訓練」和「輕斷食」有關係嗎？

A 間歇訓練和輕斷食沒有任何關係。

雖然兩者沒有直接關係，但若以「減肥」為目的運動，同時進行間歇訓練與輕斷食，效果更好。

Q 「間歇訓練」真的能瘦身，效果很好嗎？

A 國內外的研究皆證實，「間歇訓練」能有效燃燒脂肪。

間歇訓練是利用身體的生理反應，所設計的6分鐘運動課程。因為強度高，就算停止運動，身體仍會持續燃燒脂肪，效果顯著。請參閱Part1，閱讀更多的實驗證明。

Q 「間歇訓練」和「TABATA間歇訓練」、「循環運動」有什麼不同？

A TABATA間歇訓練、循環運動皆屬於間歇訓練的一種。

三者的差別在於強度、時間與動作的差異。本書的動作適合一般人，是容易且效果更顯著的最強版「6分鐘間歇訓練」。

Q 可以按照自己的意思，任意更換「間歇訓練」的動作或次序嗎？

A 本書所有動作皆為精心設計的科學運動，切勿任意更改，以免受傷。

所有動作皆以「可平均運動全身肌肉，不讓身體的負擔過大」為前提所設計。因此，請避免任意更換。不過，在Part10中，有教導大家配合體力、身體狀態與目的設計適合的動作，可依此為基礎，重新設計專屬的間歇訓練。

Q 做「間歇訓練」時，可以不休息嗎？

A 不可以，間歇訓練就是利用「反覆休息」，才能達到運動效果。

間歇訓練跟其他運動不同之處，就是「休息」，一旦沒有休息，將無法體驗「透過不充分的休息」所獲得的效果。此外，間歇訓練屬於短時間的高強度運動，中間如果不休息，可能會過度勉強身體，造成受傷。

Q 書中包括徒手、啞鈴、彈力帶及椅子等多種動作，可任意選擇嗎？

A 建議配合身體狀況循序漸進，活用椅子、跳繩等各式運動。

本書是以低強度（徒手）、中強度（彈力帶）及高強度（啞鈴）等難易度做階段性區分。建議從低強度動作開始，並配合體能狀態與環境，適時搭配椅子、跳繩與球類等器材運動。

Q 書中的動作多以「全身」為主，可以只運動「特定部位」嗎？

A 建議以「全身運動」為主，並加強鍛鍊最想瘦的部位。

如果只鍛鍊單一部位，必須給予肌肉相當大的刺激，才會有顯著效果，容易造成運動傷害。因此建議以「全身鍛鍊」為基礎，並在不過度勉強自己的前提下，設計適合自我的局部雕塑課程。

Q 任何人都可以做「間歇訓練」嗎？

A 一般來說，「沒有病痛、有基礎體力」的普通人，皆可嘗試。

間歇訓練的強度比其他運動稍高，若是運動新手，會建議每天先做2、3個徒手動作，待肌力增加後，再開始每天6分鐘的間歇訓練。此外，患有疾病或身體障礙者，請先諮詢醫生，切勿貿然自行運動。

HealthTree 健康樹系列044

間歇訓練【最強圖解版】

1 天 6 分鐘，燃脂 72 小時，專攻難瘦脂肪！

從初階到進階，收錄99招快瘦操＋16套組合動作，時間短，效果更持久！

간헐적운동

作　　者	姜賢珠
譯　　者	陳品芳
主　　編	陳永芬
助理編輯	周書宇
封面設計	張天薪
內文排版	菩薩蠻數位文化有限公司

出版發行	采實出版集團
業務部長	張純鐘
企劃業務	王珉嵐 ‧ 黃文慧 ‧ 張世明 ‧ 楊筱薔
會計行政	賴思蘋 ‧ 孫瑩珊
法律顧問	第一國際法律事務所 余淑杏律師
電子信箱	acme@acmebook.com.tw
采實官網	http://www.acmestore.com.tw/
采實文化粉絲團	http://www.facebook.com/acmebook

ISBN	978-986-5683-37-5
定　　價	399 元
初版一刷	2015 年 3 月 19 日
劃撥帳號	50148859
劃撥戶名	采實文化事業有限公司
	10084 台北市中正區南昌路二段 81 號 8 樓
	電話：02-2397-7908
	傳真：02-2397-7997

國家圖書館出版品預行編目 (CIP) 資料

間歇訓練【最強圖解版】：1 天 6 分鐘，燃脂 72 小時，專攻難瘦脂肪！從初階到進階，收錄 99 招快瘦操＋ 16 套組合動作，時間短，效果更持久！／姜賢珠作；陳品芳譯 . - - 初版 . - - 臺北市；采實文化，民 104.03
面；　公分 . - -（健康樹系列；44）
ISBN 978-986-5683-37-5（平裝）

1. 塑身　2. 健身運動

425.2　　　　　　　　　103027217

"간헐적운동"

Copyright © 2014 by Kang Hyun Joo
All rights reserved.
Original Korean edition published by andbooks .
Chinese(complex) Translation rights arranged with andbooks
Chinese(complex) Translation Copyright © 2015 by ACME Publishing Co., Ltd
Through M.J. Agency, in Taipei.

采實文化 ACME PUBLISHING
版權所有，未經同意不得重製、轉載、翻印

天天都是花兒運動日

www.funsport.com.tw

FUN SPORT
運動，我既花心又不專情，樣樣嚐鮮，熱情又充沛！
新一年，一起花心做運動吧！
EASY EXERCISE

Fun Sport
趣運動

MON
來吧，天天給自己小目標，啟動熱情!!
出發吧！熱情升空，盡情運動！
一週之始，活力旺盛START！

TUE
運動能刺激大腦，讓人感到快樂！
更棒的是………身材體重也得以控制。
晚上要約會，中午練身材

WED
聰明利用器材，快速達到『修身』效果！
局部運動很簡單，加點勤勞你也是型男正妹！
再FIT一點，絕對超迷人！

THU
練瑜珈樂伸展，全家一起來，拉拉筋轉轉腰，
坐上大球讓身體也愈來愈有彈性！
全家瑜珈日，拉拉筋骨去～

FRI
歡迎進入個人健身房，來吧！挑戰拳擊的勁道、
跨欄的無限可能、重量抬舉極限！加油！真是酷！
迎接假日，運動派對開趴囉！

SAT
路跑很爽快，快用滾動力滾棒恢復肌肉活動！
再裸身躺在瑞典按摩墊加速代謝。全身暢快無比！
一早路跑，回家別忘了按摩肌肉呦！

SUN
和朋友享受假日，打打棒球，騎乘鐵馬放鬆壓力！
找個公園找樂子，三角椎訓練大家的敏捷度喲
騎鐵馬漫遊，朋友歡樂聚～

Fun Sport 趣運動

地址：新北市中和區中山路2段327巷7號2樓
話：02-2240-8168　傳真：02-2240-8157
E-mail：greenfish@mail2000.com.tw

facebook

LINE@
ID：funsport

NEW ARRIVAL

采實文化 暢銷新書強力推薦

銷售突破100萬冊，好評不斷，DVD版強勢推出！

天天按摩小腿，疾病就會慢慢改善！

槇孝子◎著／鬼木豐◎監修／蔡麗蓉◎譯

最簡單有趣的料理實驗室，67 道創意料理大公開

跟著小廚娘做，手殘女也能是大廚！

朴仁曔◎著／邱淑怡◎譯

日本身心科名醫首度公開42 招「健腦飲食法」

焦慮、倦怠感，這樣吃完全改善！

姬野友美◎著／賴祈昌◎譯

廣　告　回　信
台　北　郵　局　登　記　證
台北廣字第03720號
免　貼　郵　票

采實文化
ACME PUBLISHING
采實文化事業有限公司

100台北市中正區南昌路二段81號8樓
采實文化讀者服務部　收
讀者服務專線：（02）2397-7908

1天6分鐘，燃脂72小時，專攻難瘦脂肪！

間歇訓練

從初級到進階，
收錄99招快瘦操＋16套組合動作，
時間短，效果更持久！

간헐적운동
運動專家 **姜賢珠** 著　陳品芳 譯

讀者資料（本資料只供出版社內部建檔及寄送必要書訊使用）

① 姓名：

② 性別：□男　□女

③ 出生年月日：民國　　　年　　　月　　　日（年齡：　　　歲）

④ 教育程度：□大學以上　□大學　□專科　□高中（職）　□國中　□國小以下（含國小）

⑤ 聯絡地址：

⑥ 聯絡電話：

⑦ 電子郵件信箱：

⑧ 是否願意收到出版物相關資料：□願意　□不願意

購書資訊

① 您在哪裡購買本書？□金石堂（含金石堂網路書店）　□誠品　□何嘉仁　□博客來
　□墊腳石　□其他：　　　　　　　　　　　（請寫書店名稱）

② 購買本書日期是？　　　年　　　月　　　日

③ 您從哪裡得到這本書的相關訊息？□報紙廣告　□雜誌　□電視　□廣播　□親朋好友告知
　□逛書店看到　□別人送的　□網路上看到

④ 什麼原因讓你購買本書？□喜歡運動　□被書名吸引才買的　□封面吸引人
　□內容好，想買回去參考　□其他：＿＿＿＿＿＿＿＿＿＿＿＿＿＿＿（請寫原因）

⑤ 看過書以後，您覺得本書的內容：□很好　□普通　□差強人意　□應再加強　□不夠充實
　□很差　□令人失望

⑥ 對這本書的整體包裝設計，您覺得：□都很好　□封面吸引人，但內頁編排有待加強
　□封面不夠吸引人，內頁編排很棒　□封面和內頁編排都有待加強　□封面和內頁編排都很差

寫下您對本書及出版社的建議

① 您最喜歡本書的特點：□圖片精美　□實用簡單　□包裝設計　□內容充實

② 您最喜歡本書中的哪一個單元？原因是？

③ 您最想知道哪些健康運動的相關資訊？

④ 未來，您還希望我們出版什麼方向的工具類書籍？

寄回函，抽好禮！

限量2名

將讀者回函填妥寄回，
就有機會得到精美大獎！

活動截止日期：2015 年 5 月 19 日（郵戳為憑）
得獎名單公布：2015 年 5 月 28 日公布於采實 FB
采實 FB 粉絲團：
https://www.facebook.com/acmebook

（市價980元）

【Fun Sport】熱氣球伸展瑜伽墊

尺寸為 61×180cm，止滑效果好，不易滑動，是外銷優
質產品。比傳統瑜伽墊重度輕一半，沒有負擔、好攜帶。
可清洗、耐磨、回覆性佳、韌性佳，讓運動效果加倍。